高职高专计算机类专业教材·数字媒体系列

3ds Max 2016 游戏设计实例教程（微课版）

袁懿磊　周　璇　主　编

袁懿德　周子炜　周华设
朱星雨　黄晨晖　杨春丽　副主编

电子工业出版社
Publishing House of Electronics Industry
北京·BEIJING

内 容 简 介

3ds Max 2016 是 Autodesk 公司出品的一款优秀的三维动画制作软件,也是为影视广告制作、三维游戏动画设计、建筑装饰和工业设计等人员提供的强有力的编辑工具。本书是针对 3ds Max 2016 三维游戏设计制作编写的一本由入门到精通的教程。

本书以三维游戏项目制作流程为主线,全面介绍 3ds Max 2016 的二维、三维建模过程及编辑修改方法,放样图形物体的制作及编辑修改,材质的制作和应用,移动端三维游戏界面设计,灯光和摄影机特效的使用方法,骨骼和蒙皮制作粒子效果的应用,游戏角色动画制作等内容。书中的制作实例都有详尽的操作步骤,侧重于操作方法的阐述,重点培养读者的实际操作能力,并且各章均设有本章小结和拓展任务,便于读者巩固本章所学的知识与操作技巧,采用图文结合的方式来增强可读性,语言深入浅出,通俗易懂。

本书可作为高职院校"3ds Max 动画设计""三维游戏设计"课程的教材,也可以作为 3ds Max 初学者的自学参考书。

未经许可,不得以任何方式复制或抄袭本书之部分或全部内容。
版权所有,侵权必究。

图书在版编目(CIP)数据

3ds Max 2016 游戏设计实例教程:微课版/袁懿磊,周璇主编. —北京:电子工业出版社,2018.4
ISBN 978-7-121-33960-8

Ⅰ. ①3… Ⅱ. ①袁… ②周… Ⅲ. ①三维动画软件—高等学校—教材 Ⅳ. ①TP391.414

中国版本图书馆 CIP 数据核字(2018)第 064792 号

策划编辑:左 雅
责任编辑:左 雅   特约编辑:朱英兰
印　　刷:北京七彩京通数码快印有限公司
装　　订:北京七彩京通数码快印有限公司
出版发行:电子工业出版社
　　　　　北京市海淀区万寿路 173 信箱　邮编　100036
开　　本:787×1 092　1/16　印张:16.5　字数:443.5 千字
版　　次:2018 年 4 月第 1 版
印　　次:2021 年 8 月第 5 次印刷
定　　价:45.00 元

凡所购买电子工业出版社图书有缺损问题,请向购买书店调换。若书店售缺,请与本社发行部联系,联系及邮购电话:(010)88254888,88258888。
质量投诉请发邮件至 zlts@phei.com.cn,盗版侵权举报请发邮件至 dbqq@phei.com.cn。
本书咨询联系方式:(010)88254580,zuoya@phei.com.cn。

3ds Max 2016 是 Autodesk 公司出品的一款优秀的三维动画制作软件，是 3ds Max 技术在 CG 制作方面的综合应用，如今已广泛运用在很多领域。

三维游戏技术可以说是近几年的一个飞跃，随着时代进步，从简单的色块堆砌而成的画面到数百万多边形组成的精细人物，三维游戏正在向我们展示越来越真实且广阔的世界。对于游戏玩家来说，《魔兽世界》《生化危机 5》《王者荣耀》等三维游戏仿佛打开了新世界的大门。随着 VR、AR 时代到来，三维游戏行业的蓬勃发展将是必然的趋势。

为了更好地适应三维游戏设计课程和三维动画设计课程的教学，本书不仅系统地介绍了 3ds Max 软件基本命令的使用方法，还在讲解过程中时刻围绕"三维游戏动画制作项目"这一主题，使学生不但学会软件的操作，还能掌握 3ds Max 的创意性设计理念。

本书内容丰富，叙述详细，重点突出，循序渐进，通俗易懂，注重理论与实际操作相结合。全书共分为 9 章：第 1 章三维动画设计基础，第 2 章 3ds Max 软件基础操作，第 3 章可编辑多边形建模，第 4 章三维游戏材质和贴图实例，第 5 章移动端三维游戏图标和界面设计，第 6 章灯光和摄影机设置，第 7 章骨骼和蒙皮的制作，第 8 章粒子系统与空间扭曲，第 9 章游戏角色设计综合实例。

本书由袁懿磊和周璇担任主编并统稿，由袁懿德、周子炜、周华设、朱星雨、黄晨晖、杨春丽担任副主编，编者分别根据其熟悉的领域进行了案例的梳理与总结。参编人员都来自数字媒体艺术专业，有着扎实的企业工作经验和丰富的教学经验。在此感谢广东科学技术职业学院艺术设计学院对本书的编写提供的大力支持！

本书参考学时建议如下，读者可根据此建议自主安排学习进度。

序号	章节名称	参考学时建议
1	第 1 章　三维动画设计基础	4
2	第 2 章　3ds Max 软件基础操作	4
3	第 3 章　可编辑多边形建模	10
4	第 4 章　三维游戏材质和贴图实例	10
5	第 5 章　移动端三维游戏图标和界面设计	8
6	第 6 章　灯光和摄影机设置	6
7	第 7 章　骨骼和蒙皮的制作	8
8	第 8 章　粒子系统与空间扭曲	10
9	第 9 章　游戏角色设计综合实例	12

为了方便读者进行学习交流，本书提供了相应的配套课件、案例的高清素材图，可登录华信教育资源网（www.hxedu.com.cn）下载，同时提供了 18 段实例或知识难点的微课视频，在书中二维码处可扫码学习，或者联系编者，邮箱：271140567@qq.com。

编　者

目录 CONTENTS

第1章 三维动画设计基础 ……1
- 1.1 三维动画基础知识……1
- 1.2 三维动画应用领域……2
- 1.3 三维动画制作流程……4
- 1.4 三维动画最新趋势……6
- 本章小结……8
- 拓展任务……8

第2章 3ds Max 软件基础操作……9
- 2.1 3ds Max 2016 软件配置及介绍…9
  - 2.1.1 3ds Max 软件特点及配置需求……9
  - 2.1.2 3ds Max 2016 版本介绍…10
  - 2.1.3 3ds Max 2016 界面介绍…12
- 2.2 3ds Max 软件建模方法……16
- 2.3 3ds Max 样条线建模方法……18
- 2.4 3ds Max 多边形建模方法……21
- 本章小结……22
- 拓展任务……22

第3章 可编辑多边形建模……23
- 3.1 可编辑多边形参数介绍……23
  - 3.1.1 通用参数栏……23
  - 3.1.2 次物体参数面板……24
- 3.2 三维游戏场景防御塔模型制作…28
  ★微课视频
  - 3.2.1 创建模型……28
  - 3.2.2 三维游戏海岛场景 UV 贴图……45
  - 3.2.3 渲染输出效果设置……55
- 本章小结……56
- 拓展任务……56

第4章 三维游戏材质和贴图实例……57
- 4.1 三维游戏材质类型……57
  - 4.1.1 明暗器基本参数卷展栏……57
  - 4.1.2 着色类型……58
  - 4.1.3 常见参数卷展栏……59
  - 4.1.4 多种材质贴图……62
- 4.2 游戏场景面包材质实例……70
  ★微课视频
- 4.3 制作书本贴图实例……73
  ★微课视频
- 4.4 制作休闲三维游戏骰子实例……86
  ★微课视频
- 4.5 制作游戏道具透明贴图实例……92
  ★微课视频
- 4.6 制作游戏场景无缝贴图实例……96
  ★微课视频
- 4.7 游戏场景烘焙贴图实例……97
  ★微课视频
- 本章小结……99
- 拓展任务……99

第5章 移动端三维游戏图标和界面设计……100
★微课视频
- 5.1 制作移动端三维游戏产品图标……100
  - 5.1.1 游戏图标草图设计……100
  - 5.1.2 游戏立体画图标设计建模……102
  - 5.1.3 游戏图标材质贴图……107
  - 5.1.4 渲染输出设置……110

5.2 制作移动端三维游戏界面……113
   5.2.1 游戏界面设计……113
   5.2.2 三维台球游戏界面模型制作实例……113
   5.2.3 三维台球游戏界面材质贴图实例……119
   5.2.4 三维台球游戏界面设计材质渲染实例……124
本章小结……126
拓展任务……127

第6章 灯光和摄影机设置……128
6.1 灯光种类、形态和参数……128
   6.1.1 3ds Max 2016 灯光种类和形态……128
   6.1.2 灯光参数……129
6.2 光的基本特性……135
6.3 闪耀的3D灯光效果实例……137
   ★微课视频
6.4 光线跟踪实例……139
   ★微课视频
6.5 职场游戏场景灯光实例……142
6.6 摄影机设置……146
   6.6.1 摄影机效果……146
   6.6.2 环境特效景深实例……151
本章小结……153
拓展任务……153

第7章 骨骼和蒙皮的制作……154
7.1 Character Studio 面板……154
   7.1.1 Biped……155
   7.1.2 创建 Biped 卷展栏……155
   7.1.3 Character Studio 系统使用流程……158
7.2 Skin 蒙皮系统参数……159
   7.2.1 参数卷展栏……160
   7.2.2 镜像参数卷展栏……161
   7.2.3 显示卷展栏……162
   7.2.4 高级参数卷展栏……163
   7.2.5 Gizmos 卷展栏……163
7.3 制作蝴蝶舞动动画实例……164
   ★微课视频
本章小结……173
拓展任务……173

第8章 粒子系统与空间扭曲……174
8.1 粒子系统……174
   8.1.1 粒子系统的分类……174
   8.1.2 基本粒子系统……174
   8.1.3 高级粒子系统……176
8.2 空间扭曲……183
   8.2.1 空间扭曲的分类……183
   8.2.2 常用空间扭曲类型……183
8.3 制作波浪文字实例……186
   ★微课视频
8.4 制作烟火效果实例……188
   ★微课视频
8.5 制作喷泉粒子效果实例……193
   ★微课视频
8.6 制作风吹字特效实例……199
   ★微课视频
本章小结……207
拓展任务……208

第9章 游戏角色设计综合实例……209
9.1 卡通角色建模实例……209
   ★微课视频
   9.1.1 制作头部……209
   9.1.2 制作躯干……217
   9.1.3 制作手臂模型……218
   9.1.4 制作手指模型……219
   9.1.5 制作腿部模型……220
   9.1.6 制作脚部的模型……222
   9.1.7 头部与躯干连接……223
   9.1.8 角色装备制作……225
   9.1.9 模型完成……229
9.2 绘制卡通角色UV与贴图实例……230
   ★微课视频
   9.2.1 使用 Headus UVLayout 工具进行 UV 拆分……230
   9.2.2 UV 展开……232
9.3 卡通角色蒙皮与动作设计实例……240
   ★微课视频
本章小结……256
拓展任务……256

参考文献……257

第1章 三维动画设计基础

三维动画是计算机图形学和艺术相结合的产物,它给人们提供了一个充分展示个人想象力和艺术才能的新天地。

传统的动画是由画师先在画纸上手绘真人的动作,然后再复制于卡通人物之上的。计算机三维动画是在二维动画的基础上发展起来的,使用计算机模拟现实中的三维对象,在计算机中创建三维几何造型,并给模型赋予表面图像、颜色、纹理等对象特征,然后对模型进行动画制作,如变形、运动等,再加上场景、灯光、摄像机等环境,最终生成一系列可独立播放的动画。

【学习目标】
(1) 掌握三维动画的基本知识;
(2) 了解三维动画的应用领域;
(3) 了解三维动画的制作过程。

1.1 三维动画基础知识

三维动画设计是新一代数字化、虚拟化、智能化设计平台的基础。它是建立在二维设计的基础上,让设计目标更立体化、更形象化的一种新兴设计方法。

1. 三维和二维的区别

对于二维动画与三维动画的定义没有一个明确的结论,现有的动画播放形式都是在一个平面或者曲面上进行投射的,没有使用真正意义的三维显示技术播放。平时提到的"二维动画"与"三维动画"指的是动画的创作空间。

二维空间是指由长度和宽度(在几何学中为 X 轴和 Y 轴)两个要素所组成的平面空间。三维空间是指由长度、宽度和高度(在几何学中为 X 轴、Y 轴和 Z 轴)三个要素所组成的立体空间。

2. 三维动画设计基础知识

按照在制作过程中摄影机或者虚拟摄影机是否可以任意进行旋转来划分二维动画和三维动画,二维动画包括传统手绘动画、二维软件绘制的动画和平面材料动画,三维动画包括立体材料动画和三维软件制作的动画。

随着计算机技术的普及,越来越多的动画使用计算机技术来进行制作,软件的种类众多。二维动画软件主要包括 ANIMO、RETAS PRO、TOONZ、Flash、Toon Boom 等,三维动画软件主要包括 Maya、Softimage XSI、3ds Max、LightWave、Houdini、Cinema 4D 等。

3．三维动画设计介绍

三维动画又称 3D 动画，是近年来随着计算机软/硬件技术的发展而产生的一个新兴技术。三维动画软件在计算机中首先建立一个虚拟的世界，设计师在这个虚拟的三维世界中按照要表现的对象的形状尺寸建立模型及场景，再根据要求设定模型的运动轨迹、虚拟摄影机的运动和其他动画参数，最后按要求为模型赋上特定的材质，并打上灯光。当这一切完成后就可以让计算机自动运算，生成最后的画面。

三维动画制作是一项艺术和技术紧密结合的工作。在制作过程中，一方面要在技术上充分实现动画创意的要求，另一方面，还要在画面色调、构图、明暗、镜头设计组接、节奏把握等方面进行艺术的再创造。与平面设计相比，三维动画多了时间和空间的概念，它需要借鉴平面设计的一些法则，但更多是要按影视艺术的规律来进行创作。

4．三维动画设计人才

三维动画设计技术虽然入门门槛较低，但要精通并熟练运用却需多年不懈的努力，同时，还要随着软件的发展不断地学习新的技术。它在所有影视广告制作形式中技术含量是最高的。由于三维动画技术的复杂性，即使最优秀的 3D 设计师也不大可能精通三维动画设计的所有方面。

目前市场上动画人才难招，主要缘于两方面：一方面是中国对动画人才的教育还比较滞后，还没有形成高质量的供给；另一方面是动画创作需要实践经验，也需要艺术根底，也就是说动画人才必须是全方面素质的人才。

1.2 三维动画应用领域

3ds Max 是目前国内乃至国外用户群最大的三维制作软件之一，它广泛应用于商业广告、影视特技、游戏开发、工业设计、建筑设计、计算机辅助教育等领域，近年来尤其偏重于影视广告和游戏开发，在同类软件中市场占有率最高。

从行业上看，三维动画的分工越来越细，目前已经形成了几个比较重要的制作行业，包括以下几类。

1．建筑装潢设计

建筑装潢设计包括建筑效果图、建筑动画及相关多媒体、VR 虚拟现实产品。建筑效果图的应用如图 1-1 和图 1-2 所示。

图 1-1 室内效果图　　　　　　　　　　图 1-2 室外效果图

这个领域向前与 CAD 制图紧密相连，向后与平面设计、后期合成、多媒体编程、网页编程等相连，建筑效果图是其中的一个环节。目前使用最多的是 3ds Max 软件。

2．影视片头包装

影视领域随着新技术带来了新变化，新媒体将传播载体从广播电视扩大到计算机、手机，将传播渠道从无线、有线网扩大到卫星、因特网，并呈现与广播电视有很大不同的传播方式，更好地满足受众多层次、多样化、专业化、个性化的需求。对应的影视媒体是包括电视、手机、网络的综合媒体。影视片头包装的应用如图 1-3 和图 1-4 所示。

图 1-3　电视片头动画包装

图 1-4　电视节目包装

3．产品广告

产品广告动画在制作的创意上难度都较片头包装要高，不仅要求质感亮丽，还需要复杂的建模、角色动画等，对三维软件技术的要求比前两种都要高。产品广告的应用如图 1-5 所示。

4．电影电视特技

电影特技如今越来越多地开始使用三维动画和合成特技，像《星球大战前传》中使用了大量的三维动画镜头，如图 1-6 所示。很多电视剧都要求加入特技来制造更刺激的场面效果，如烟雾、雨雪、爆炸等，需要辅以三维动画的光效、气效等。

图 1-5　三维动画角色

图 1-6　三维动画和合成特技

5．三维卡通动画

三维动画的画面相较一般动画更加立体，但区别于 3D 动画的"真实感"，这样的立体感是相对于二维而言的。三维卡通动画的应用效果如图 1-7 所示。

图 1-7　三维卡通动画

1.3　三维动画制作流程

根据实际制作流程，一个完整的影视类三维动画的制作总体上可分为前期制作、动画片段制作与后期合成 3 个部分，如图 1-8 所示。

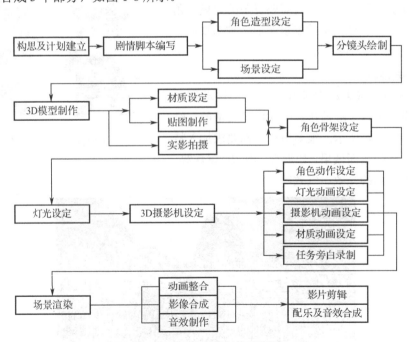

图 1-8　三维动画制作流程图

1．前期制作

前期制作是指在使用计算机正式制作前，对动画片进行的规划与设计，主要包括：文学剧本创作、分镜头剧本创作、造型设计和场景设计。

（1）文学剧本创作。文学剧本是动画片的基础，要求将文字表述视觉化，即剧本所描述的内容可以用画面来表现，不具备视觉特点的描述（如抽象的心理描述等）是禁止的。动画片的文学剧本形式多样，如神话、科幻、民间故事等，要求内容健康、积极向上、思路清晰、逻辑合理。

（2）分镜头剧本创作。分镜头剧本是把文字进一步视觉化的重要一步，是根据文学剧本进行的再创作，体现三维动画的创作设想和艺术风格。分镜头剧本的结构为图画＋文字，表达的内容包括镜头的类别和运动、构图和光影、运动方式和时间、音乐和音效等。其中每个图画代表一个镜头，文字用于说明如镜头长度、人物台词及动作等内容。

（3）造型设计。造型设计包括人物造型、动物造型、器物造型等设计。设计内容包括角色的外型设计与动作设计。造型设计的要求比较严格，包括标准造型、转面图、结构图、比例图、道具服装分解图等，通过角色的典型动作设计（如几幅带有情绪的角色动作图体现角色的性格和典型动作），并且附以文字说明来实现。性格不同的角色造型可以适当夸张，要突出角色特征，使运动合乎规律。

（4）场景设计。场景设计是整个动画片中景物和环境的来源，比较严谨的场景设计包括平面图、结构分解图、色彩气氛图等，通常用一幅图来表达。

2．动画片段制作

根据前期设计，在计算机中通过相关制作软件制作出动画片段，制作流程为建模、材质贴图、灯光、摄影机控制、动画、渲染等，这是三维动画的制作核心。

（1）建模。建模是动画师根据前期的造型设计，通过三维建模软件在计算机中绘制出角色模型的过程。这是三维动画中很繁重的一项工作，需要出场的角色和场景中出现的物体都要建模。建模的灵魂是创意，核心是构思，源泉是美术素养。通常使用的软件有 3ds Max、AutoCAD、Maya 等。建模常见方式如下。

① 多边形建模：把复杂的模型用一个个小三角形或四边形组接在一起表示，缺点是放大后不光滑。

② 样条曲线建模：用几条样条曲线共同定义一个光滑的曲面，特性是平滑过渡性，不会产生陡边或皱纹，因此非常适合有机物体或角色的建模和动画。

③ 细分建模：结合多边形建模与样条曲线建模的优点而开发的建模方式。建模不在于精确性，而在于艺术性。

（2）材质贴图。材质即材料的质地，就是把模型赋予生动的表面特性，具体体现在物体的颜色、透明度、反光度、反光强度、自发光及粗糙程度等特性上。贴图是指把二维图片通过软件的计算贴到三维模型上，形成表面细节和结构。对具体的图片要贴到特定的位置，三维软件使用了贴图坐标的概念。一般有平面、柱体和球体等贴图方式，分别对应于不同的需求。模型的材质与贴图要与现实生活中的对象属性相一致。

（3）灯光。灯光的目的是最大限度地模拟自然界的光线类型和人工光线类型。三维软件中的灯光一般有泛光灯（如太阳、蜡烛等四面发射光线的光源）和方向灯（如探照灯、电筒等有照明方向的光源）。灯光起着照明场景、投射阴影及增添氛围的作用。通常采用三光源设置法：一个主灯、一个补灯和一个背灯。主灯是基本光源，其亮度最高，主灯决定光线的方向，角色的阴影主要由主灯产生，通常放在正面的 3/4 处即角色正面左边或右面 45 度角处。补灯的作用是柔和主灯产生的阴影，特别是面部区域，常放置在靠近摄影机的位置。背灯的作用是加强主体角色及显现其轮廓，使主体角色从背景中突显出来，背景灯通常放置在背面的 3/4 处。

（4）摄影机控制。摄影机控制是依照摄影原理在三维动画软件中使用摄影机工具，实现分镜头剧本设计的镜头效果。画面的稳定、流畅是使用摄影机的第一要素。摄影机功能只有情节需要才使用，不是任何时候都使用的。摄影机的位置变化也能使画面产生动态效果。

（5）动画。动画是根据分镜头剧本与动作设计，运用已设计的造型在三维动画制作软件中制作出一个个动画片段。动作与画面的变化通过关键帧来实现，设定动画的主要画面为关键帧，关键帧之间的过渡由计算机来完成。三维软件大都将动画信息以动画曲线来表示。动画曲线的横轴是时间（帧），竖轴是动画值，可以从动画曲线上看出动画设置的快慢急缓、上下跳跃，如3ds Max 的动画曲线编辑器。三维动画的动是一门技术，其中人物说话的口型变化、喜怒哀乐的表情、走路动作等，都要符合自然规律，制作要尽可能细腻、逼真，因此动画师要专门研究各种事物的运动规律。如果需要，可参考声音的变化来制作动画，如根据讲话的声音制作讲话的口型变化，使动作与声音协调。对于人的动作变化，系统提供了骨骼工具，通过蒙皮技术，将模型与骨骼绑定，易产生合乎人的运动规律的动作。

（6）渲染。渲染是指根据场景的设置、赋予物体的材质和贴图、灯光等，由程序绘出一幅完整的画面或一段动画。三维动画必须渲染才能输出，造型的最终目的是得到静态或动画效果图，而这些都需要渲染才能完成。渲染通常输出为 AVI 类的视频文件。

3．后期合成

影视后期合成需要掌握的技能一般包括：素描、透视、线描、速写、色彩构成、手绘漫画、动画概论、卡通形象设计、插画设计、Flash 动画制作、Photoshop 图像处理、3ds Max、Maya、网页设计与制作、计算机软件应用、Painter、绘画后期编辑、影视后期合成和影视特效合成等。影视后期合成类似把机器零件组装起来，使素材变成电影电视，供人们观看。合成软件有很多，如 After Effects、Shake、Combution、Nuke 等。

1.4　三维动画最新趋势

在各类动画当中，最有魅力并运用最广的当属三维动画。三维动画行业也可称为 CG（Computer Graphics）行业。二维动画可以看成三维动画的一个分支，三维动画软件功能越来越强大，操作起来也是越来越容易，这使得三维动画有了更广泛的运用。毕竟我们的世界是立体的，只有三维才让我们感到更真实。

三维动画是计算机软/硬件技术的发展应运而生的数字化动画技术。当代社会三维动画已经成为了影视广告、动画片及电影艺术特效等在内的主流制作手段，并且涵盖了游戏、网络多媒体、手机等多个领域。目前行业发展趋势良好，技术人员的需求量日渐增多。产业所带来的影响力和商业价值也日趋增强。在这样的一片大好形势下，我们应该通过探索和努力，加速我国三维动画产业的发展。

随着现代科技的发展，现如今动画可以通过数字化技术生成，无论是制作方式还是运作观念，都产生了革命性的变化。计算机动画的绘制，不仅摆脱了手工创作的烦琐和枯燥，还以简洁、高效，具有超乎寻常的表现力等特点得到了越来越广泛的认可和应用。三维动画便是动画界的骄傲。它旨在依靠计算机动画软件，在虚拟的三维空间里，创造出逼真的立体表现对象，通过设定对象的运动轨迹、虚拟运动摄影机及其他动画参数，并为其添加相应的材质和模拟真实的灯光，最后通过渲染生成最终的成品画面。比起传统的二维动画，三维动画更容易创造出逼真的质感，不仅不会损伤真实反而更能完整地虚拟真实，尤其是在呈现强大的魔幻场景时，总会让观者恍若亲临其境，其生动、逼真的特点深受大众的喜爱。

1．电影艺术

由于计算机三维动画技术发展得更加成熟，特别是其制作成本的大幅下降，电影代表作不断涌现，如1991年的《终结者2》、1999年的《骇客帝国》、2001年的《指环王》《哈里波特》及以后的系列等，其超越现实又逼真的视觉效果无不给人们留下深刻印象。2007年的《变形金刚》由于使用了动作采集仪，一举改变了人们对老变形金刚的印象。在当代灾难片里CG动画技术更是如鱼得水，其效果无与伦比，如1996年的《龙卷风》，2004年的《后天》，以及2009年的《2012》《阿凡达》，2017年的《加勒比海盗5》，只有计算机三维动画技术的深入和全面使用才创造了极为逼真、震撼、超越想象的视觉效果。

2．动画片

1998年11月，在推出《玩具总动员》后的第三年，皮克斯动画制作公司又推出了一部全新的、由计算机制作的动画片《昆虫传》（又译为《虫虫特工队》）。在这部动画中，制作组成员应用了当时最新的动画制作工具RenderMan软件。RenderMan由于它强大而出色的功能，得到了美国电影艺术学界和科学学会联合授予的奖项"科学与技术成就奖"。在视觉效果上，《昆虫传》更是大大优于《玩具总动员》。所有的昆虫主角都是那样的生动、传神、拟人化，并且个性极具丰富。其后全CG三维动画不断涌现，如《海底总动员》《汽车总动员》等。而梦工场并购了PDI后在三维动画电影领域里也取得了巨大的成功，并且通过《怪物史莱克》等反传统的动画片达到了和迪士尼公司比肩的地位。福克斯旗下的蓝天工作室通过三维动画《冰河世纪》《机器人历险记》分得一杯羹。以上例子都说明国际动画片主流三维动画的地位已经超越了二维动画的地位。

3．游戏

第三代网络游戏又被称为动作3D网游，现阶段的第三代网络游戏基本都是动作类网游。如《RUSH冲锋》，比起第二代3D网络游戏有了更好的体验效果，该游戏代入了载体理论，这使得网游的战斗效果显得更加逼真。三维游戏基本都是大型游戏，画面效果华丽、真实，玩家有更好的视觉体验，吸引力很强。其缺点是对计算机硬件的要求较高。但是随着计算机技术的快速发展，这已经不是主要问题。主要的问题是制作者如何协调游戏的场景与模型建模手段，既达到效果还不浪费资源。

根据人民网的报道，国际投资银行服务公司Digi-Capital最新发布的报告《Games Report and Database Q1 2018》，2018年游戏软/硬件产业收入将达1650亿至1700亿美元，并在2022年前达到2300亿至2350亿美元的规模，前提是移动游戏继续表现强劲。如果预测成真的话，五年后的游戏软/硬件产业收入将超过现今全球150个国家的GDP。单单软件本身就占据了整个游戏市场份额的四分之三。总的来说，游戏在创造乐趣的同时，更成为了至关重要的经济产业。

中国占有全世界五分之一的人口，游戏市场空间可谓是积极而巨大的。据资料显示，2017年中国游戏行业整体营收近2200亿人民币，而网络游戏也是唯一没有受到全球经济危机负面影响的互联网业态。哪里有需求，哪里就能供给这种需求。在高利益高回报的覆盖下，三维游戏动画市场热潮必定会持续高涨，势头强劲，中国三维游戏动画事业也必将因为巨大的市场需要而蓬勃兴起。以三维动画市场的繁荣为前提，带动相关衍生产业成倍增长，其周边产业也必将成倍增长。相信三维游戏动画这一极富生命力的产业必将在日后的发展中大放异彩。

随着三维动画的深入发展，探索过程中所遇到的问题也将越来越多、越来越复杂地呈现。但是，相信以我们所有从业人员的智慧，一定会让这些问题得以顺利解决。就让我们预祝中国三维动画最终能像中国的经济一样，备受世界的瞩目吧！三维动画人才已经成为国内市场迫切需求的高薪、高技术人才。三维动画行业是未来最受欢迎的高薪职业之一。

本章小结

本章主要对三维动画的工作流程和应用领域进行了讲解。通过本章的学习，让读者了解三维动画制作流程，为后续学习打下基础。

拓展任务

1．简述三维动画的发展历程。
2．三维动画运用的方向有哪些？
3．简述三维动画的制作过程。

第 2 章　3ds Max 软件基础操作

3ds Max（原名：3D Studio Max）是 Discreet 公司开发的（后被 Autodesk 公司合并）基于 PC 系统的三维动画渲染和制作软件。在经过多个版本的升级之后，3ds Max 的功能和使用变得更加完善和简便，成为目前应用最广泛的 3D 模型、动画、渲染软件，是一切引人入胜的电影、游戏、动画等视觉产品的最佳制作工具。

【学习目标】
（1）了解 3ds Max 软件的使用方法；
（2）熟悉 3ds Max 软件的界面；
（3）掌握基本的 3ds Max 的软件操作能力。

2.1　3ds Max 2016 软件配置及介绍

2.1.1　3ds Max 软件特点及配置需求

1. 3ds Max 软件特点

（1）性价比高。3ds Max 有非常好的性能价格比，它所提供的强大的功能远远超过了它自身较低的价格，一般的制作公司就可以承受得起，这样就可以使作品的制作成本大大降低；而且它对硬件系统的要求相对来说也很低，普通的配置就可以满足学习的需要了，这也是每个软件使用者所关心的问题。

（2）上手容易。初学者比较关心的另一个问题就是 3ds Max 是否容易上手，这一点完全可以放心，3ds Max 的制作流程十分简洁高效，可以很快地上手，所以先不要被它的一大堆命令吓倒，只要你的操作思路清晰，上手是非常容易的，后续的高版本中操作性也十分的简便，操作的优化更有利于初学者学习。

（3）使用者多，便于交流。3ds Max 在国内拥有非常多的使用者，便于交流，关于 3ds Max 的论坛也相当火爆，可以到网络上将问题与其他使用者一起讨论，方便极了。

2. 3ds Max 2016 的软件配置要求

（1）操作系统：Windows 7（SP1）、Windows 8、Windows 8.1 专业操作系统和 Windows 10。
（2）浏览器：IE 浏览器、Google 浏览器。

3. 3ds Max 2016 的硬件配置要求

（1）CPU：64 位 Intel 或 AMD 多核处理器。
（2）内存：4GB 内存（推荐使用 8GB 内存）。
（3）硬盘：8GB 以上磁盘安装空间。

（4）其他：三键鼠标、声卡及音箱、3D 硬件加速图形卡等。

2.1.2　3ds Max 2016 版本介绍

3ds Max 2016 版本提供了迄今为止最强大的多样化工具集，纳入了一些全新的功能，带来极富灵感的设计体验。它包含以下主要功能和优势。

1．新的设计工作区

新的设计工作区为 3ds Max 用户带来了更高效的工作流。设计工作区采用基于任务的逻辑系统，可以任务为基础，逻辑地放置物件、灯光、算图、建模与材质工具。通过导入设计数据来快速创建高质量的静止图像和动画的过程也更加容易，如图 2-1 所示。

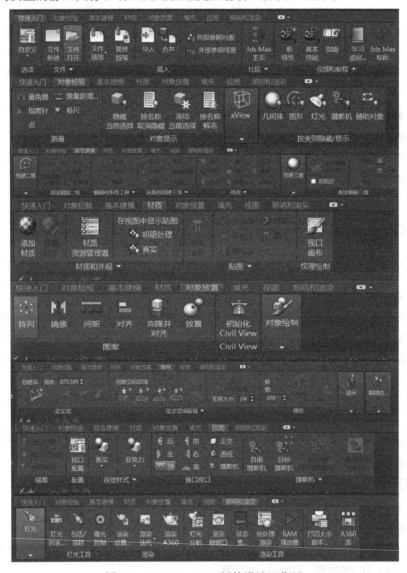

图 2-1　3ds Max 2016 新的设计工作区

2．新的模板系统

新的模板系统为用户提供了标准化的启动配置，这有助于加速场景创建流程。借助简单的导入/导出选项，可以快速地跨团队共享模板。用户还能够创建新模板或修改现有模板，针对各个工作流自定义模板。渲染、环境、照明和单位的内置设置，意味着更快速、更精确、更一致的 3ds Max 项目结果。预设模板如图 2-2 所示。

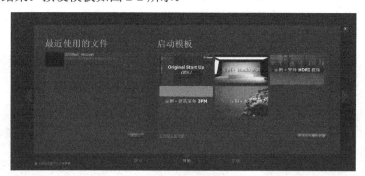

图 2-2　预设模板

3．摄影机序列器

利用新的摄影机序列器可以导入多个镜头调整时间点与顺序。这个新功能通过高品质的动画可视化效果使动画和影片描绘故事情节变得更加容易，可以轻易地剪切多个镜头，无损地修剪和重新排序动画剪辑，在保持原始动画数据不变的情况下，加强弹性与创造力，如图 2-3 所示。

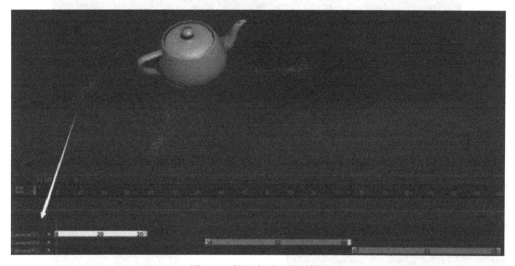

图 2-3　摄影机序列器效果

4．双四元数的蒙皮套用技术

由于增添了专用于避免当变形器扭曲或旋转时网格丢失体积的"蝴蝶结"或"糖果包裹纸"效果的双四元数，3ds Max 平滑蒙皮得到了改善。这在角色的肩部或腕部最常见，这种新的平滑蒙皮方法有助于减少不必要的变形瑕疵。作为蒙皮修改器中的新选项，双四元数允许用户绘制蒙皮将对曲面产生的影响量，以便在需要时使用它，不需要时将其逐渐减少为线性蒙皮权重，如图 2-4 所示。

5．Autodesk A360 渲染支持

使用 Autodesk Revit 软件和 AutoCAD 软件中的相同技术，3ds Max 增加了对 Autodesk A360 渲染的支持，可供 Autodesk Maintenance Subscription 维护合约和 Desktop Subscription 合约客户使用，如图 2-5 所示。

现在，用户可以从 3ds Max 中访问 A360 中的云渲染。A360 利用了云计算的强大功能，3ds Max 用户借助它，无须占用桌面资源，也不需要使用专门的渲染软件，就可以创建出令人印象深刻的高清图像，有助于节省时间并降低成本。

更出色的是，Subscription 合约客户还可以创建日光研究渲染、交互式全景和照度模拟，利用以前上载的文件重新渲染图像，并与其他团队或同事轻松共享文件。

图 2-4　双四元数的蒙皮套用效果

6．物理摄影机

新的物理摄影机是与 VRay 制造商 Chaos Group 共同开发的，可模拟用户熟悉的真实摄影机设置，如快门速度、光圈、景深和曝光等。借助增强的控件和额外的视口内反馈，新的物理摄影机让创建逼真的图像和动画变得更加容易，如图 2-6 所示。

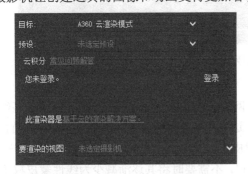

图 2-5　Autodesk A360 渲染支持面板

图 2-6　物理摄影机选择面板

2.1.3　3ds Max 2016 界面介绍

3ds Max 2016 版本的启动界面、欢迎界面、软件界面分别如图 2-7、图 2-8 和图 2-9 所示。

1．标题栏

3ds Max 2016 软件窗口的标题栏用于管理文件和查找信息，如图 2-10 所示。

第2章 3ds Max 软件基础操作

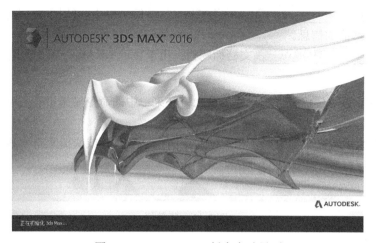

图 2-7　3ds Max 2016 版本启动界面

图 2-8　3ds Max 2016 版本欢迎界面

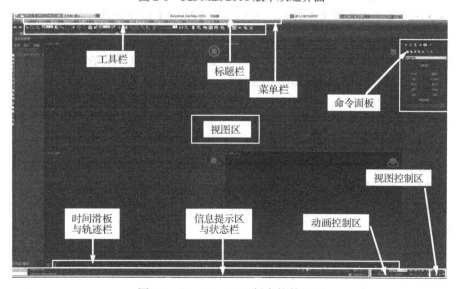

图 2-9　3ds Max 2016 版本软件界面

图 2-10　标题栏

（1）应用程序按钮：单击该按钮可显示文件处理命令的"应用程序"菜单。
（2）快速访问工具栏：主要提供用于管理场景文件的常用命令。

（3）![信息中心图标] 信息中心：可用于访问有关 3ds Max 2016 和其他 Autodesk 产品的信息。

（4）![无标题] 文档标题栏：用于显示 3ds Max 2016 文档标题。

2．菜单栏

3ds Max 2016 菜单栏位于屏幕界面的最上方。菜单中的命令如果带有省略号，表示会弹出相应的对话框，带有小箭头的表示还有下一级的菜单。

菜单栏中的大多数命令都可以在相应的命令面板、工具栏或快捷菜单中找到，远比在菜单栏中执行命令方便得多，如图 2-11 所示。

图 2-11 菜单栏

3．主工具栏

在 3ds Max 2016 菜单栏的下方有一栏工具按钮，称为主工具栏，通过主工具栏可以快速访问很多常见任务的工具和对话框。将鼠标移动到按钮之间的空白处，鼠标箭头会变为选中状态，这时可以拖动鼠标来左右滑动主工具栏，以看到隐藏的工具按钮，如图 2-12 所示。

图 2-12 主工具栏

在主工具栏中，有些按钮的右下角有一个小三角形标记，这表示此按钮下还隐藏有多重按钮选择。当不知道命令按钮名称时，可以将鼠标箭头放置在按钮上停留几秒钟，就会出现这个按钮的中文命令提示。

提示：找回丢失的主工具栏的方法为选择菜单栏中的【自定义】→【显示】→【显示主工具栏】命令，即可显示或关闭主工具栏，也可以按【Alt+6】组合键进行切换。

4．视图区

视图区位于软件界面的正中央，几乎所有的操作，包括建模、赋予材质、设置灯光等工作都要在此完成。首次打开 3ds Max 2016 中文版时，系统默认状态是以 4 个视图的划分方式显示的，分别是顶视图、前视图、左视图和透视视图，这是标准的划分方式，也是比较通用的划分方式，如图 2-13 所示。

（1）顶视图：显示物体从上往下看到的形态。
（2）前视图：显示物体从前向后看到的形态。
（3）左视图：显示物体从左向右看到的形态。
（4）透视视图：一般用于观察物体的形态。

5．命令面板

位于视图区右侧的是命令面板。命令面板集成了 3ds Max 2016 中大多数的功能与参数控制项目，是核心工作区，也是结构最为复杂、使用最为频繁的部分。创建任何物体或场景主要通过命令面板进行操作。在 3ds Max 2016 中，一切操作都是由命令面板中的某一个命令进行控制的。命令面板中包括 6 个用户界面面板，分别为创建、修改、层次、运动、显示、工具，如图 2-14 所示。

6．视图控制区

3ds Max 2016 视图控制区位于工作界面的右下角，主要用于调整视图中物体的显示状态，通过缩放、平移、旋转等操作达到方便观察的目的，如图2-15所示。

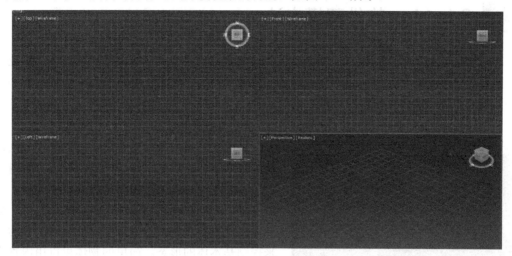

图2-13　视图区

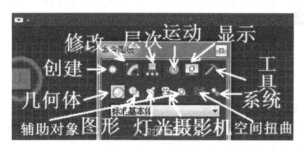

图2-14　命令面板

图2-15　视图控制区

7．动画控制区

动画控制区的工具主要用来控制动画的设置和播放。动画控制区位于屏幕的下方，如图2-16所示。用来滑动动画帧的时间滑块位于3ds Max 2016视图区的下方。

图2-16　动画控制区

8．信息提示区与状态栏

信息提示区与状态栏用于显示3ds Max 2016视图中物体的操作效果，如移动、旋转坐标及缩放比例等，如图2-17所示。

图2-17　信息提示区与状态栏

9．时间滑块与轨迹栏

时间滑块与轨迹栏用于设置动画、浏览动画及设置动画帧数等，如图2-18所示。

图2-18　时间滑块与轨迹栏

2.2 3ds Max 软件建模方法

3ds Max 的建模方式有很多,如基础建模、复合对象建模、二维图形建模、多边形建模、面片建模和 NURBS 建模等。面对如此多的建模方法,应该充分了解每个方法的优势和不足,掌握其特点来创建出自己想要的效果。

1. 基础建模

基础建模是最基础也是最常用的建模方法,如标准基本体、扩展基本体、二维图形等,如图 2-19 所示,它是从几何体创建命令面板中创建的,方法很简单,单击拖动鼠标或使用键盘输入即可。每种几何体都由多种属性参数控制,通过对参数的调整来控制基本体的形态。简单的物体可以用内置模型进行创建,通过参数调整其大小、比例和位置,最后形成物体的模型。而更为复杂的物体可以先由内置模型进行创建,再利用编辑修改器进行弯曲、扭曲等变形操作,最后形成所需物体的模型。

图 2-19 几何体创建命令面板

2. 复合对象建模

复合物体是指将两个或更多的对象组合形成的新对象。实际物体往往可以看成由很多简单物体组合而成的。对于合并的过程可以反复调节,从而制作一些高难度的造型,如头发、毛皮、复杂的地形和变形动画等。复合物体生成的方法有以下几种。

连接:由两个带有开放面的物体,通过开放面或空洞将其连接后组合成一个新的物体。连接的对象必须都有开放的面或空洞,就是两个对象连接的位置。

布尔:对两个以上的对象进行并集、差集、交集的运算,得到新的对象形态。

放样:起源于古代的造船技术,以龙骨为路径,在不同界面处放入木板,从而产生船体模型。这种技术被应用于三维建模领域,即放样操作。

图形合并:将一个二维图形投影到一个三维对象表面,从而产生相交或相减的效果。常用于生产物体边面的文字镂空、花纹、立体浮雕效果,从复杂面物体截取部分表面及一些动画效果等。

地形:根据一组等高线的分布创建地形对象。

水滴网格:将粒子系统转换为网格对象。

3. 二维图形建模

二维图形是指一条或多条样条线组成的对象。二维图形创建在复合物体和面片建模中应用比较广泛,它可以作为几何形体直接渲染输出,更重要的是可以通过二维挤出、旋转、斜切等编辑修改。3ds Max 包含 3 种重要的线类型:样条线、NURBS 曲线、扩展样条线,如图 2-20 所示。在许多方面它们的用处是相同的,其中样条线继承了 NURBS 曲线和扩展样条线所具有的特性,绝大部分默认的图形方式都是样条方式。

图 2-20 线类型面板

样条线建模是指调用样条强大的可塑性,并配合样条线自身的可渲染性、样条线专用修改器及放样的创建方法,制作形态富于变化的模型,一般多用于制作复杂模型的外部形状或不规则物体的截面轮廓。

4. 多边形建模

多边形建模是最为传统和经典的一种建模方式。3ds Max 多边形建模方法比较容易理解，非常适合初学者学习，并且在建模的过程中让使用者有更多的想象空间和可修改余地。3ds Max 的多边形建模主要有两个命令：可编辑网格和可编辑多边形，如图 2-21 所示。几乎所有的几何体类型都可以塌陷为可编辑多边形网格，曲线也可以塌陷，封闭的线可以塌陷为曲面。如果不想使用塌陷操作的话（因为这样被塌陷物体的修改历史就没了），还可以给它指定一个可编辑多边形修改。可编辑网格是 3ds Max 最基本的建模方法，而且它最稳定，制作模型占用系统资源最少，运行速度最快，在较少面数下也可制作复杂模型。可编辑多边形是目前三维软件流行建模方法之一，是在可编辑网格建模的基础上发展起来的一种多边形建模技术，与可编辑网格非常相似。多边形是一组由顶点和顶点之间的有序边构成的多边形，多边形物体是面的集合，比较适合建立结构穿插关系很复杂的模型，如窗、墙、门等。它的不足是当表现细节太多时，随着面数的增加，Max 的性能也会下降。初学者最常犯的错误就是为每件事物都建立过多的细节。可编辑多边形和可编辑网格的面板参数大都相同，但是可编辑多边形更适合模型的构建。

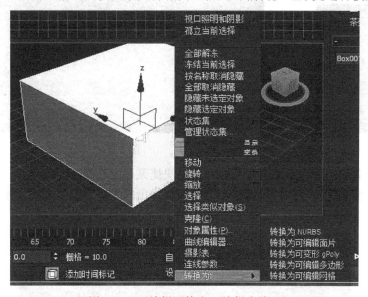

图 2-21 可编辑网格和可编辑多边形

5. NURBS 建模

NURBS 即"非均匀有理数 B-样条线"，它是一种非常优秀的建模方式，使用数学函数来定义曲线和面，自动计算表面精度。相对于面片建模，NURBS 可使 CV 更少的控制点来表现相同的曲线。但由于曲面的表现是由曲面的算法来决定的，而 NURBS 曲线函数相对高级，因此对 PC 的要求也最高。其最大的优势是表面精度的可调性，可以在不改变外形的前提下自由控制曲面的精细程度。

简单地说，NURBS 就是做曲面物体的一种造型方法。由于 NURBS 造型总是由曲线面来定义的，所以要在 NURBS 表面里生成一条有棱角的边是很难的。就是因为这一特点，可以用它来做各种复杂的面造型和表现特殊的效果，如人的皮肤、面貌或流线型的跑车等。不足的是造型方法不易入门和理解，不够直观。

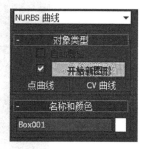

图 2-22 NURBS 建模

2.3 3ds Max 样条线建模方法

图 2-23 样条线建模案例最终制作效果图

本节样条线建模案例最终制作效果如图 2-23 所示。

（1）打开 3ds Max 2016 软件，在【创建】面板中选择【图形】，设置【类型】为【样条线】，单击【线】选项，如图 2-24 所示。

（2）在顶视图中，单击【创建】→【样条线】命令创建一条样条线，形状如图 2-25 所示。

图 2-24 创建样条线面板

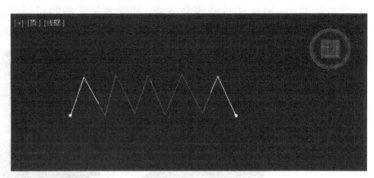

图 2-25 创建样条线

（3）选择样条线，单击鼠标右键，在弹出的快捷菜单中选择【转换为】→【编辑样条线】命令，选中顶点级和上排顶点，单击鼠标右键，在弹出的快捷菜单中选择【转为】→【平滑角点】命令，如图 2-26 所示。

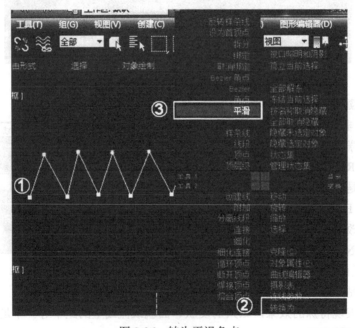

图 2-26 转为平滑角点

(4) 在前视图中再单击【创建】→【样条线】命令，样条线如图 2-27 所示。

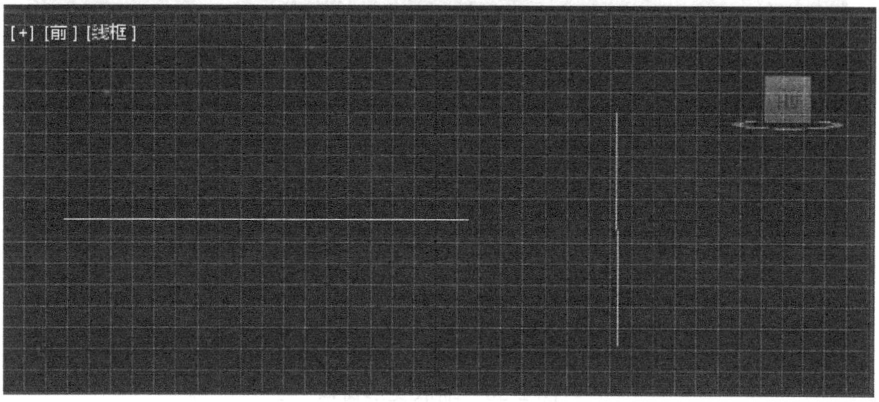

图 2-27 创建水平样条线

(5) 选中直线样条线后，单击【创建】→【几何体】→【复合对象】→【放样】命令，然后单击【获取图形】按钮，如图 2-28 所示，拾取第一个创建的样条线（波浪样条线）。这一步很重要，如果两条样条线的先后出现了错误，那么就不是左右方向的"扎紧"的窗帘了。这时可以得到效果图如图 2-29 所示。

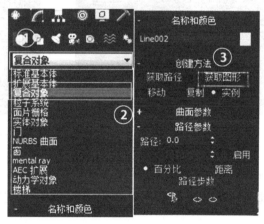

图 2-28 获取图形面板

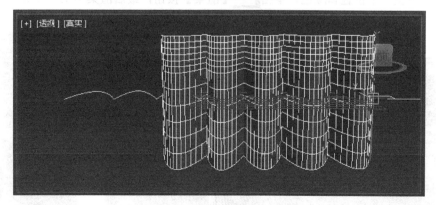

图 2-29 波浪样条线效果图

(6) 在【修改器列表】的下拉列表里选择【变形】→【缩放】命令，即进入【缩放变形】窗口，然后进行参数调整，如图 2-30 所示。

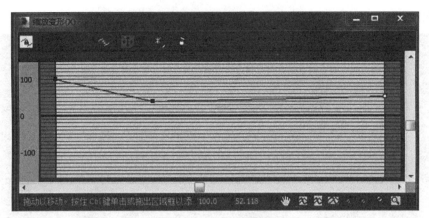

图 2-30　缩放变形窗口

（7）得到如图 2-31 所示的效果之后，选中【修改器列表】的【Loft 图形】命令进行调整，如图 2-32 所示。

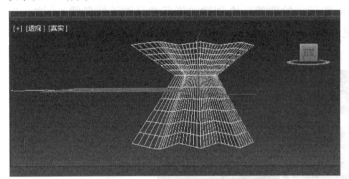 

图 2-31　缩放变形效果图　　　　　　　　图 2-32　修改器列表面板

（8）按快捷键【R】，整体调整一下大小，如图 2-33 所示。

（9）选择编辑列表中的【镜像】 ，进入【镜像】窗口，设置【镜像轴】选择【X 轴】，【偏移】为 0，【克隆当前选择】选择【复制】，勾选【镜像 IK 限制】复选框，如图 2-34 所示。

（10）再调整一下位置和颜色，单击 【渲染】按钮，最后渲染结果如图 2-23 所示。

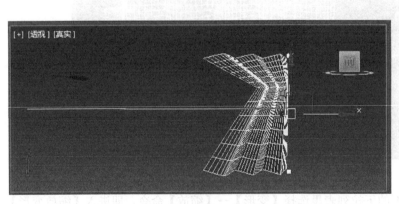 

图 2-33　调整 Loft 图形　　　　　　　　图 2-34　镜像设置面板

2.4 3ds Max 多边形建模方法

本节多边形建模案例最终制作效果如图 2-35 所示。

(1) 打开 3ds Max 2016 软件,在前视图中单击【创建】→【几何体】→【切角圆柱体】命令,如图 2-36 所示。

图 2-35　多边形建模案例效果图　　　　　图 2-36　创建切角圆柱体

(2) 调整切角圆柱体参数,设置参数【半径】为85,【高度】为10,【圆角】为5,【高度分段】为1,【圆角分段】为4,【边数】为24,【端面分段】为1,勾选【平滑】复选框,如图 2-37 所示。

(3) 在前视图中创建一个圆环,单击【创建】→【几何体】→【标准基本体】→【圆环】,如图 2-38 所示。

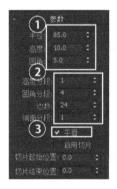

图 2-37　切角圆柱体参数面板　　　　　图 2-38　创建圆环

(4) 设置圆环参数,设置【半径1】为85,【半径2】为5,【旋转】为0,【扭曲】为0,【分段】设置为36,【边数】设置为12,【平滑】选项中选择【全部】,如图 2-39 所示。

(5) 在顶视图中选中圆环,选择工具栏中的【角度捕捉】工具，设置【角度】为90度,按快捷键【E】进行【旋转】,再按住【Shift】键进行旋转复制3个圆环,效果如图 2-40 所示。

(6) 在前视图中选择【切角圆柱体】,按住【Shift】键进行旋转复制,如图 2-41 所示。

(7) 回到透视图,调整一下位置,显示最终渲染效果,效果如图 2-35 所示。

图 2-39　圆环参数设置面板

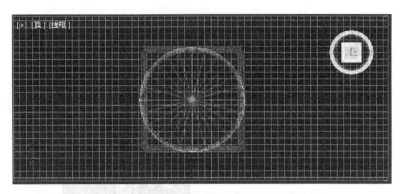

图 2-40　旋转复制圆环

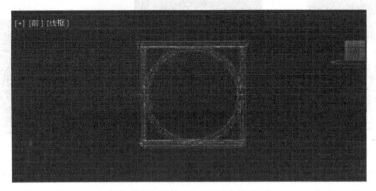

图 2-41　旋转复制切角圆柱体

本章小结

本章讲解了 3ds Max 的几种常用的建模方法，并将所讲的知识运用在案例中，还讲解了从建模到灯光渲染的部分案例。通过本章的学习，希望读者能够运用所学知识，多练习，掌握各种建模及给建模对象制作材质和贴图的方法。

拓展任务

（1）运用可编辑样条线建模方式，完成效果如图 2-42 所示模型。
（2）运用可编辑多边形建模方式，完成效果如图 2-43 所示模型。

图 2-42　样条线建模实践效果图　　　　图 2-43　多边形建模实践效果图

第 3 章 可编辑多边形建模

本章学习 3ds Max 2016 可编辑多边形的基本知识,以及可编辑多边形建模方式。本章对基本模型的创建进行了详细的讲解,介绍了各种不同的模型对象,并解释了如何精确创建和控制它们的方法。

【学习目标】
(1)掌握可编辑多边形的命令用法;
(2)掌握利用可编辑多边形命令完成游戏场景模型的制作。

3.1 可编辑多边形参数介绍

可编辑多边形是 3D 软件中又一强大的建模工具,用于生物、人物、植物和机械工业产品的建模,目前已作为众多 3D 软件的标准建模工具。下面讲解可编辑多边形的参数面板项。

3.1.1 通用参数栏

可编辑多边形的通用参数栏如图 3-1 所示。

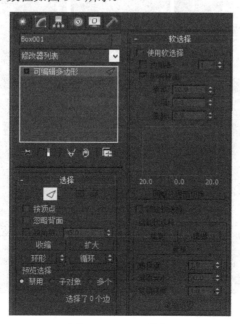

图 3-1 通用参数栏

（1）**按顶点**：勾选此项可以在顶点模式以外的其他"次物体级别"中使用。当选中一个顶点时，使用该顶点的边或面将被选中。是边还是面，取决于次物体的模式。

（2）**忽略背面**：若勾选此项则无法选择后面部分的顶点、边、面元素。

（3）**收缩**：勾选此选项收缩减少次物体元素。

（4）**扩大**：勾选此选项扩展增加次物体元素。

（5）**环形**：此工具只工作在边和边界次物体模式下。选择平行于所选边或边界的次物体。

（6）**循环**：此工具只工作在边和边界次物体模式下。选择与所选边或边界相一致的次物体。

（7）**使用软选择**：此开关决定是否打开软化功能。

（8）**衰减**：设置衰减范围。

（9）**收缩**：代表沿纵轴提高或降低曲线最高点。

（10）**膨胀**：用来设置该区域的丰满程度。

（11）**明暗处理面切换**：显示物体亮度区域与暗面区域，如图3-2和图3-3所示。

图3-2　明暗处理面切换效果图（1）　　　　图3-3　明暗处理面切换效果图（2）

3.1.2　次物体参数面板

1．次物体（顶点）参数面板

可编辑多边形的次物体（顶点）参数面板如图3-4所示。

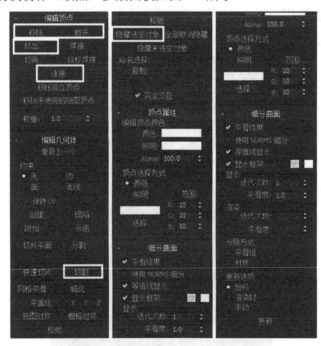

图3-4　次物体（顶点）参数面板

（1）**移除**：删除选择的点。和【Delete】键不同的是，移走一个顶点后网格保持面的完整。此功能在建模当中非常有用，如图3-5所示。

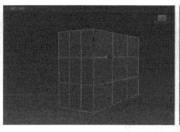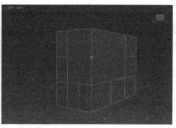

图 3-5　移除效果图

（2）**断开**：在所选的顶点处为每个相连的面创建新的顶点。

（3）**挤出**：存在于顶点、边、边界和多边形次物体模式中，如图 3-6 所示。

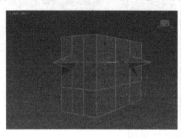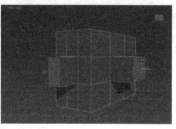

图 3-6　挤出效果图

（4）**焊接**：将所选次物体合并。

（5）**切角**：对所选次物体进行倒角处理。

（6）**目标焊接**：同焊接功能。

（7）**连接**：在所选次物体之间添加边，如图 3-7 所示。此功能效率很高。

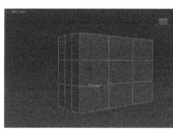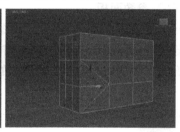

图 3-7　连接效果图

（8）**移除孤立顶点**：删除孤立于物体的多余顶点。

（9）**删除未使用的贴图顶点**：删除一些其他的操作已经完毕之后剩下的点。它们是 Unwrap UVW 中的可见贴图的顶点，但是不存在于模型之中。

（10）**重复上一个**：重复执行上一次对物体的任何操作。

（11）**约束**：对次物体移动操作时，次物体的操作被约束到边或面上。

（12）**创建**：创建孤立于物体的顶点。

（13）**塌陷**：将所选顶点合并为一个点。

（14）**附加**：将其他的网格物体结合到当前物体。

（15）**分离**：将所选次物体分离为独立的网格物体。

（16）**切片平面**：在选择的面上添加一条直线边。

（17）**快速切片**：在视图中沿着某一方向在网格上添加一条直线边。

（18）**切割**：切割是更为精确的剪切工具。鼠标在不同的次物体层级上所显示的角度也是不同的，如图 3-8 所示。

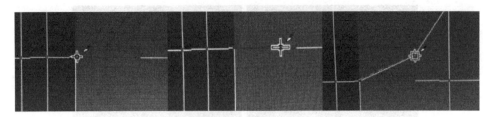

图 3-8　切割效果图

（19）**网格平滑**：对所选次物体进行平滑细化。
（20）**细化**：对选定的次物体进行细化，如图 3-9 所示。

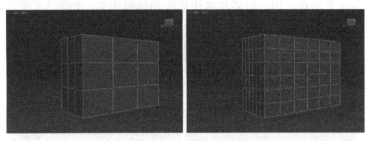

图 3-9　细化效果图

（21）**平面化**：按所选次物体的法线进行平面对齐。
（22）**视图对齐**：将所选的对象都对齐活动视图平面。
（23）**栅格对齐**：将所选的对象都对齐活动视图的栅格平面。
（24）**隐藏选定对象**：隐藏所选对象。

2．次物体（边）参数面板

可编辑多边形的次物体（边）参数面板如图 3-10 所示。
（1）**利用所选内容创建图形**：将选择的边转换生成独立的二维样条。
（2）**编辑三角形**：改变网格物体三角形面的划分方式，可以在边、边界、多边形和元素模式下使用，如图 3-11 所示。

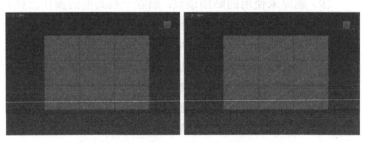

图 3-10　次物体（边）参数面板　　　　图 3-11　编辑三角形

3．次物体（边界）参数面板

可编辑多边形的次物体（边界）参数面板如图 3-12 所示。

4．次物体（多边形）参数面板

可编辑多边形的次物体（多边形）参数面板如图 3-13 所示。

图 3-12　次物体（边界）参数面板　　　　　图 3-13　次物体（多边形）参数面板

（1）**插入顶点**：细分多边形面。

（2）**轮廓**：偏移当前选择多边形的边，如图 3-14 所示。

图 3-14　轮廓效果

（3）**插入**：通过向内偏移当前选区的边创建新的多边形。插入面可以在一个或者多个多边形中执行，如图 3-15 所示。

（4）**翻转**：翻转选择的面和元素的法线。

（5）**从边旋转**：在多边形模式下，可挤压绕任意边旋转的面，如图 3-16 所示。

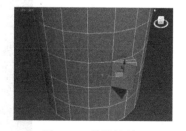

图 3-15　插入面　　　　　　　　　　　图 3-16　从边旋转

（6）**沿样条线挤出**：在多边形次物体模式下，依据一条二维样条曲线挤压一个面，如图 3-17

所示。

图 3-17　沿样条线挤出

3.2　三维游戏场景防御塔模型制作

利用可编辑多边形制作三维游戏场景，通过对可编辑多边形的点、线、面的编辑完成三维游戏海岛奇兵里面的游戏场景物体的建模。三维游戏海岛骑兵场景防御塔模型制作最终制作效果如图 3-18 所示。本实例可通过微课视频进一步学习，可扫码观看。

微课：防御塔模型制作

3.2.1　创建模型

（1）单击【创建】→【新建几何体】→【圆柱体】命令，新建一圆柱体为石柱，设置参数【半径】为 18，【高度】为 40，【高度分段】为 1，【端面分段】为 1，【边数】为 6，勾选【平滑】复选框，如图 3-19 所示。

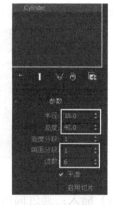

图 3-18　三维游戏场景防御塔模型制作效果图　　图 3-18 彩图　　图 3-19　圆柱体参数设置面板

（2）选中模型并单击鼠标右键，在弹出的快捷菜单中选择【转换为】→【可编辑多边形】命令。在顶视图中对圆柱体上边的面按【R】键进行【缩放】，如图 3-20 所示。

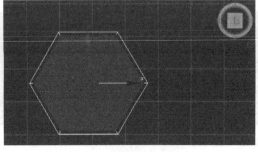

图 3-20　缩放上边的面

(3) 使用【W】键显示的【移动工具】对该面进行移动，如图 3-21 所示。

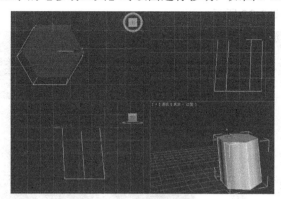

图 3-21 移动物体面

(4) 将参考坐标系右边的坐标轴改为【使用变换坐标中心】（长按该按钮选中），单击工具栏上的【角度捕捉切换】按钮，弹出【栅格和捕捉设置】窗口，设置参数，勾选【显示】复选框，设置【大小】为 20 像素，【捕捉预览半径】为 30 像素，【捕捉半径】为 20 像素，【角度】为 90 度，【百分比】为 10%，勾选【显示橡皮筋】复选框，如图 3-22 所示。修改参数后关闭窗口，按住【Shift】键进行旋转复制出 3 个模型。

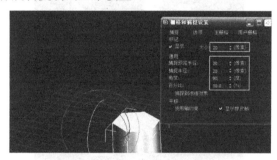

图 3-22 栅格和捕捉设置参数面板

(5) 新建一圆柱体作为支撑狙击塔的柱子，设置参数【半径】为 11，【高度】为 113，【高度分段】为 1，【端面分段】为 1，【边数】为 6，勾选【平滑】复选框，参数面板如图 3-23 所示。

(6) 按【W】键显示的【移动工具】将该圆柱体移动到之前的圆柱体上方，打开【栅格和捕捉设置】窗口设置参数，勾选【显示】复选框，设置【大小】为 20 像素，【捕捉预览半径】为 30 像素，【捕捉半径】为 20 像素，【角度】为 5 度，【百分比】为 10%，勾选【显示橡皮筋】复选框，如图 3-24 所示。

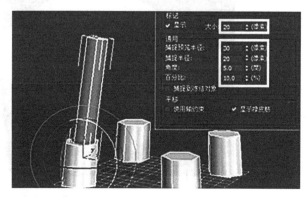

图 3-23 圆柱体参数设置面板　　　　　　　图 3-24 栅格和捕捉设置参数面板

（7）按住【Shift】键旋转复制出 3 个柱子，在【克隆选项】窗口中的【对象】中选择【复制】选项，复制面板如图 3-25 所示。

图 3-25　克隆选项窗口

（8）将复制出来的柱子移动到下面的圆柱体上，完成后的效果如图 3-26 所示。

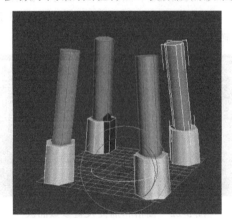

图 3-26　克隆效果图

（9）单击【新建】→【可编辑多边形】→【长方体】命令，新建一长方体作为木板，设置参数【长度】为 115，【宽度】为 95，【高度】为 6，【长度分段】为 1，【宽度分段】为 1，【高度分段】为 1，勾选【生成贴图坐标】选项，如图 3-27 所示。移动其位置到所有圆柱的上方。

图 3-27　长方体参数面板

(10）单击【创建面板】→【标准基本体】→【扩展基本体】命令，如图 3-28 所示。

（11）在【扩展基本体】中选择【C-Ext】，新建一个 C-Ext 并修改其参数，设置【背面长度】为 123，【侧面长度】为-100，【前面长度】为 123，【背面宽度】为 8，【侧面宽度】为 8，【前面宽度】为 8，【高度】为 42，【背面/侧面/前面/宽度/高度分段】都为 1，如图 3-29 所示。

图 3-28　选择扩展基本体

图 3-29　C-Ext 参数设置面板

（12）将新建的 C-Ext 作为围栏，按【W】键，使用【移动工具】将其移动到木板上方，位置如图 3-30 所示。

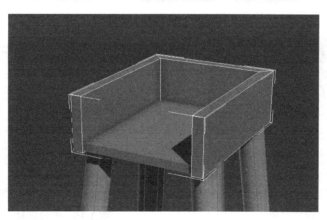
图 3-30　移动 C-Ext

（13）新建一个 C-Ext，设置参数【背面长度】为 130，【侧面长度】为-104，【前面长度】为 130，【背面宽度】为 12，【侧面宽度】为 12，【前面宽度】为 12，【高度】为 10，【背面/侧面/前面/宽度/高度分段】都为 1，如图 3-31 所示。

（14）按【W】键使用移动工具将新建的 C-Ext 放置到如图 3-32 所示位置。

（15）按住【Shift】键移动复制一个 C-Ext，如图 3-33 所示。

（16）完成后，可能会出现如图 3-34 所示现象，圆柱的一角露出来了。将圆柱上方的物体全都选中进行【缩放】，如图 3-35 所示。

图 3-31 C-Ext 参数设置面板

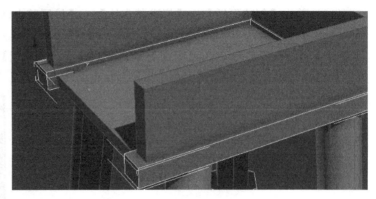

图 3-32 移动 C-Ext

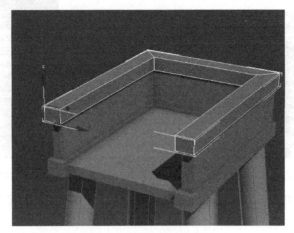

图 3-33 复制移动 C-Ext

图 3-34 问题现象

图 3-35 缩放圆柱上方的物体

（17）修改 C-Ext 参数，设置【背面长度】为 130，【侧面长度】为-104，【前面长度】为 130，【背面宽度】为 12，【侧面宽度】为 14，【前面宽度】为 12，【高度】为 10，【背面/侧面/前面/宽度/高度分段】都为 1，勾选【生成贴图坐标】选项，如图 3-36 所示。

（18）新建一个长方体，设置参数【长度】为 7，【宽度】为 7，【高度】为 100，【长度分段】为 1，【宽度分段】为 1，【高度分段】为 1，勾选【生成贴图坐标】选项，如图 3-37 所示。

（19）按住【Shift】键选择【实例】复制一个长方体，移动到另一边，效果如图 3-38 所示。

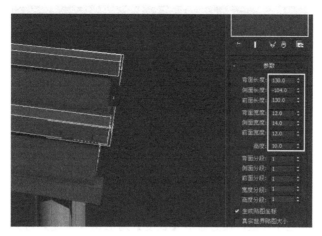

图 3-36　修改 C-Ext 参数

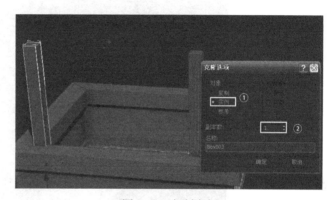

图 3-37　新建长方体参数设置面板　　　　　　图 3-38　复制实例

（20）同时选中已经新生成的两个长方体，按住【Shift】键选择【实例】复制移动两个长方体，将其移动到如图 3-39 所示的位置。

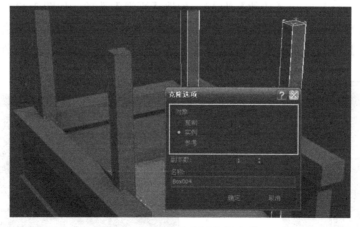

图 3-39　复制移动两个长方体

（21）按【Shift】键移动复制出图中的长方体木板（可以根据形状和大小看出复制对象），移动到所有物体的上方，效果如图 3-40 所示。

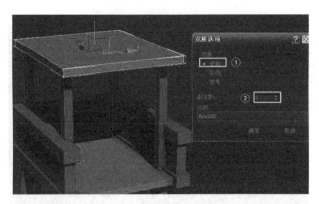

图 3-40 移动复制长方体

（22）改变长方体颜色和参数，设置参数【长度】为 128，【宽度】为 95，【高度】为 4，【长度分段】为 1，【宽度分段】为 1，【高度分段】为 1，勾选【生成贴图坐标】选项，如图 3-41 所示。

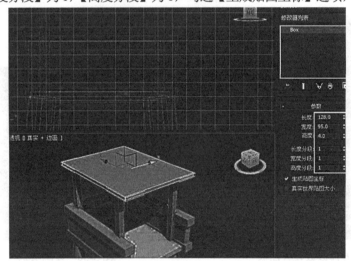

图 3-41 颜色和参数设置面板

（23）新建一个长方体作为柱子的栏杆，设置参数【半径】为 3.3，【高度】为 3，【高度分段】为 1，【端面分段】为 1，【边数】为 12，勾选【平滑】选项，如图 3-42 所示。

（24）按住【Shift】键移动复制该长方体，设置参数【长度】为 62，【宽度】为 28，【高度】为 3，【长度分段】为 1，【宽度分段】为 1，【高度分段】为 1，勾选【生成贴图坐标】选项，如图 3-43 所示。

 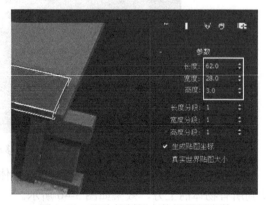

图 3-42 新建长方体参数设置面板　　　图 3-43 移动复制长方体设置新参数

(25) 移动这两个长方体,分别放置到左下角和右上角,位置如图 3-44 所示。

(26) 新建一个圆柱体,设置参数【半径】为 3.3,【高度】为 3,【高度分段】为 1,【端面分段】为 1,【边数】为 12,勾选【平滑】选项,如图 3-45 所示。

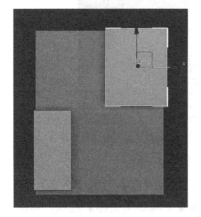 

图 3-44　两个长方体移动放置位置　　　　图 3-45　圆柱体参数设置面板

(27) 复制出一个【实例】,如图 3-46 所示。

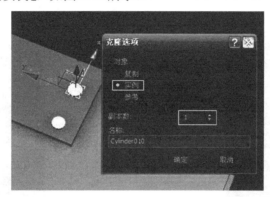

图 3-46　实例复制设置面板

(28) 新建一个圆柱体,设置参数【半径】为 4.8,【高度】为 3,【高度分段】为 1,【端面分段】为 1,【边数】为 12,勾选【平滑】选项,如图 3-47 所示。

(29) 按【Shift】键移动复制出两个圆柱体,修改【副本数】为 2,如图 3-48 所示。

 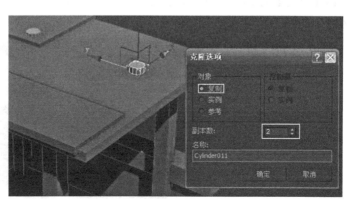

图 3-47　圆柱体参数设置面板　　　　图 3-48　移动复制设置面板

（30）将这些圆柱体移动放置好，如图 3-49 所示。

图 3-49　圆柱体摆放位置

（31）新建一个长方体，设置参数【长度】为 82，【宽度】为 8，【高度】为 3.5，【长度分段】为 1，【宽度分段】为 1，【高度分段】为 1，勾选【生成贴图坐标】选项，如图 3-50 所示。

（32）按住【Shift】键向下移动复制出一个长方体，设置参数【长度】为 85，【宽度】为 8，【高度】为 3.5，【长度分段】为 1，【宽度分段】为 1，【高度分段】为 1，勾选【生成贴图坐标】选项，如图 3-51 所示。

图 3-50　长方体参数设置面板　　　　　　图 3-51　修改参数面板

（33）将两个长方体移动到两根柱子之间，然后将参考坐标系右边的坐标轴改为【使用变换坐标中心】（长按该按钮选中），单击上边的【角度捕捉切换】，弹出【栅格和捕捉设置】窗口，修改【角度】为 90 度后关闭，合并两个长方体为一组，按住【Shift】键进行旋转复制出 3 个长方体，如图 3-52 所示。

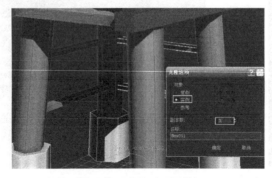

图 3-52　克隆选项面板

(34) 新建一个圆柱体，设置参数【半径】为4.8,【高度】为6,【高度分段】为1,【端面分段】为1,【边数】为12,勾选【平滑】和【生成贴图坐标】选项，如图3-53所示。

(35) 单击【角度捕捉切换】，弹出【栅格和捕捉设置】窗口，设置参数，勾选【显示】选项，【大小】为20像素，【捕捉预览半径】为30像素，【捕捉半径】为20像素，【角度】为85度，【百分比】为10%，勾选【显示橡皮筋】选项。旋转如图3-54所示。

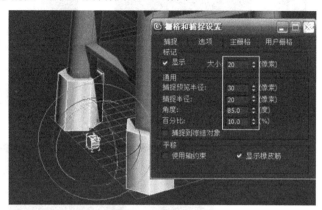

图3-53　圆柱体参数设置面板　　　　　　图3-54　栅格和捕捉设置窗口

(36) 将旋转好的圆柱体移动到支撑的圆柱中间的位置，如图3-55所示。

(37) 将该圆柱体向下移动复制出一个新的圆柱体，并移动到如图3-56所示位置。

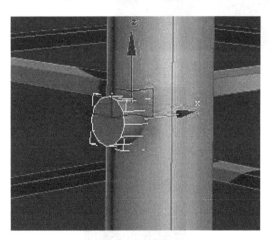

图3-55　圆柱体的旋转移动位置　　　　　图3-56　移动复制圆柱体

(38) 选中刚生成的两个圆柱体，单击【镜像】按钮，修改镜像的参数，【镜像轴】选择Y，【偏移】为0,【克隆当前选项】选择【复制】，勾选【镜像IK限制】选项，如图3-57所示。

(39) 将两个镜像出来的圆柱体进行移动放置，如图3-58所示。

(40) 选中已经生成的四个圆柱体，进行镜像并移动放置，如图3-59所示。

(41) 现在开始制作楼梯，新建一个长方体，设置参数【长度】为11,【宽度】为11,【高度】为165,【长度分段】为1,【宽度分段】为1,【高度分段】为1,勾选【生成贴图坐标】选项，如图3-60所示。

(42) 单击鼠标右键，将该长方体转换为可编辑多边形，在右边修改器中选择【线】，选中长方体的上下两个面的所有线，如图3-61所示。

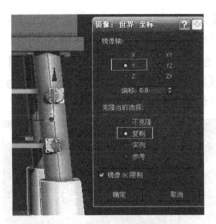

图 3-57　镜像的参数修改面板

图 3-58　圆柱体的摆放位置

图 3-59　镜像并移动放置圆柱体

图 3-60　长方体参数设置面板

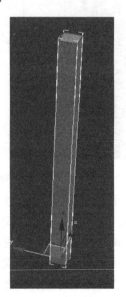

图 3-61　选择【线】命令

（43）单击修改器中【连接边】后面的参数设置按钮，修改参数为2，如图 3-62 所示。

（44）将上下两个面的多余的线选中，单击右侧修改器的【移除】按钮，将其删掉，如图 3-63 所示。

（45）选中图中长方体的所有的点，进行缩放，如图 3-64 所示。

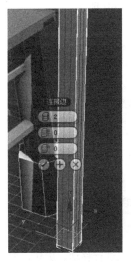
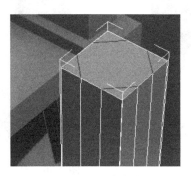

图 3-62　修改连接边参数　　　图 3-63　移除多余线　　　图 3-64　缩放长方体的所有的点

（46）放大后，效果如图 3-65 所示。

（47）选中侧面的所有线，单击【修改器】面板中的【连接边】后面的按钮，修改参数为 1，如图 3-66 所示。

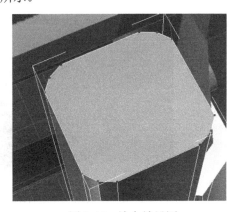
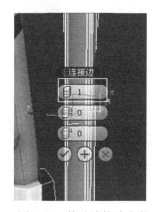

图 3-65　放大效果图　　　　　　　图 3-66　修改连接边参数

（48）将生成的线移动到上边，单击鼠标右键，选择【顶点】命令，选中并旋转图中长方体的顶点，如图 3-67 所示。

（49）将圆柱体上半段的侧面的线选中，单击【连接】命令，生成一条线，效果如图 3-68 所示。

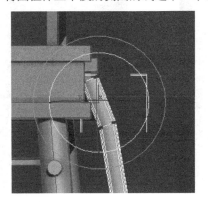
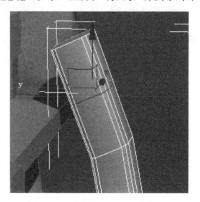

图 3-67　移动生成的线　　　　　　图 3-68　连接上半段侧面的线

（50）按照上述方法，不断地使用【连接】命令生成线，效果如图3-69所示。

（51）将连接生成的线进行移动、旋转和缩放，如图3-70所示。

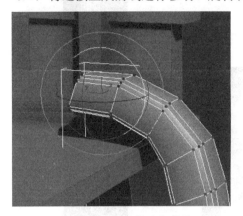 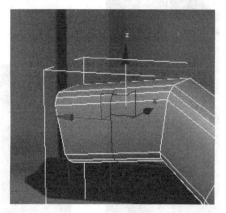

图3-69　继续移动生成线　　　　　　　　图3-70　对生成的线进行移动、旋转、缩放

（52）将顶端的点移动到图中的长方体（狙击塔中的木板）上，并进行缩放，效果如图3-71所示。

（53）运用上述的方法连接出一条线，并对它进行缩放，如图3-72所示。

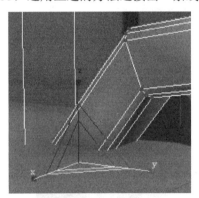 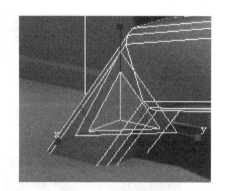

图3-71　移动顶端的点　　　　　　　　　图3-72　连接出线并进行缩放

（54）长方体上半段的弯曲顶点的编辑效果如图3-73所示。该长方体完成后的效果如图3-74所示。

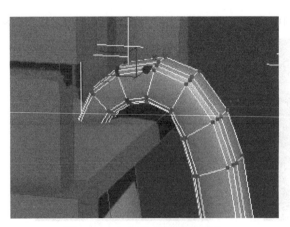 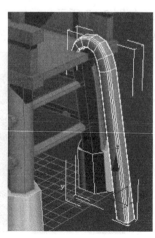

图3-73　弯曲顶点的编辑效果　　　　　　图3-74　长方体完成效果图

(55) 按住【Shift】键移动并复制一个【实例】,如图 3-75 所示。

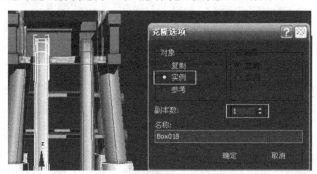

图 3-75　移动复制实例

(56) 将【实例】移动并放置到另一边,如图 3-76 所示。

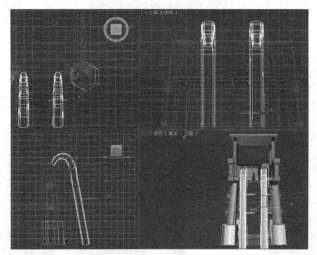

图 3-76　移动放置位置

(57) 单击【角度捕捉切换】按钮,修改【栅格和捕捉设置】参数,如图 3-77 所示。

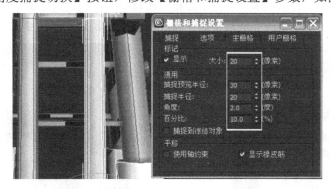

图 3-77　栅格和捕捉设置参数面板

(58) 对构成楼梯柱子的长方体进行【旋转】,旋转后的效果如图 3-78 所示。

(59) 新建一个长方体作为楼梯的台阶,设置参数【长度】为 6,【宽度】为 45,【高度】为 5,【长度分段】为 1,【宽度分段】为 1,【高度分段】为 1,勾选【生成贴图坐标】选项,如图 3-79 所示。

(60) 将该台阶放置好,并移动复制 4 个台阶,如图 3-80 所示。

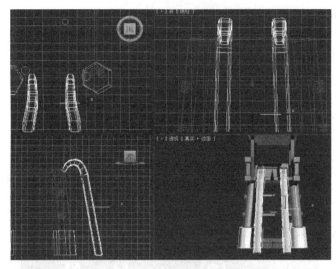

图 3-78　旋转后的效果图

图 3-79　长方体参数设置面板

图 3-80　克隆选项设置面板

（61）对其他台阶进行移动放置，对下边相对比较小的台阶进行参数的修改，将长度适当缩小，效果如图 3-81 所示。修改完成后，整个楼梯就完成了，效果如图 3-82 所示。

图 3-81　台阶移动位置

图 3-82　楼梯效果图

（62）新建一个长方体作为沙包，设置参数【长度】为50，【宽度】为40，【高度】为25，【长度分段】为6，【宽度分段】为6，【高度分段】为1，勾选【生成贴图坐标】选项，如图3-83所示。

（63）将该长方体转换为可编辑多边形，用鼠标右击，选择【顶点】命令，对该长方体的顶点进行缩放，如图3-84所示。

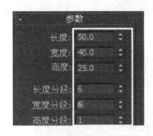
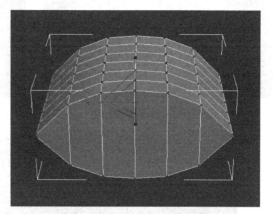

图3-83　沙包参数设置面板　　　　　　图3-84　缩放长方体的顶点

（64）对顶点进行横向和纵向的缩放，让沙包中间的点往上下两个方向伸展，如图3-85所示。

（65）使用【W】键移动长方体中的点，使沙包看起来更加饱满，效果如图3-86所示。

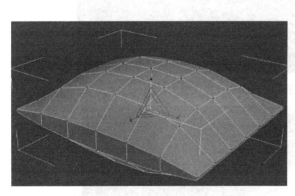
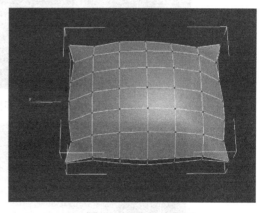

图3-85　进行横向和纵向的缩放　　　　　　图3-86　沙包效果图

（66）将该沙包移动放置到石柱旁边，再一次进行顶点的编辑，如图3-87所示。

（67）参照上述方法，编辑出其他十几个沙包并放置好，使沙包堆积在狙击塔下方，效果如图3-88所示。

（68）将图中狙击塔屋顶的东西全选中，修改【栅格和捕捉设置】参数，勾选【显示】选项，设置【大小】为20像素，【捕捉预览半径】为30像素，【捕捉半径】为20像素，【角度】为5度，【百分比】为10%，勾选【显示橡皮筋】选项，如图3-89所示。

（69）旋转后，选中图中的两根木柱，设置参数【长度】为7，【宽度】为7，【高度】为105，【长度分段】为1，【宽度分段】为1，【高度分段】为1，勾选【生成贴图坐标】选项，如图3-90所示。

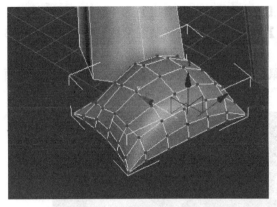

图 3-87　沙包形态和位置图　　　　　图 3-88　复制并堆积沙包效果图

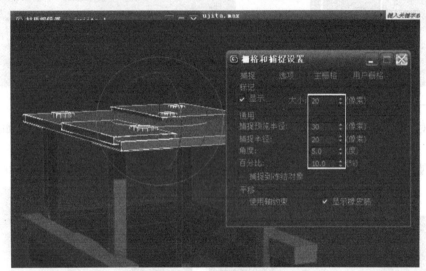

图 3-89　栅格和捕捉设置参数设置面板

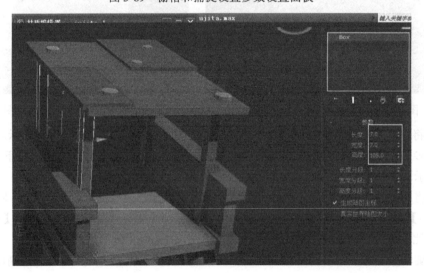

图 3-90　两根木柱设置参数面板

（70）将其余两根木柱适当地移动一下，使其不穿出屋顶，如图 3-91 所示。修改后整个狙击塔的效果如图 3-92 所示。

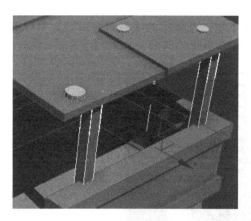 

图 3-91　木柱位置效果图　　　　图 3-92　狙击塔的效果图　　图 3-92 彩图

3.2.2　三维游戏海岛场景 UV 贴图

（1）单击菜单栏上的【渲染】→【环境】命令，如图 3-93 所示。

（2）修改颜色参数，设置颜色参数【红】、【绿】、【蓝】均为 121，【色调】为 0，【饱和度】为 0，【亮度】为 121，如图 3-94 所示。

图 3-93　环境命令　　　　　　　　图 3-94　颜色参数面板

（3）将所有的沙包选中，用鼠标右击，选择【隐藏选定对象】命令，效果如图 3-95 所示。

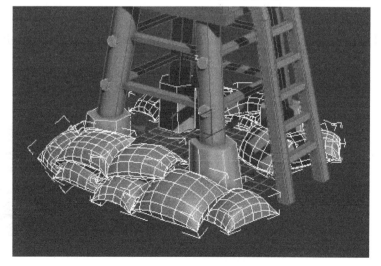

图 3-95　隐藏选定对象的效果图

（4）隐藏完沙包后，选中图中的石柱，按【M】键，在弹出的【材质编辑器】中对第一个材质球进行命名，如图 3-96 所示。

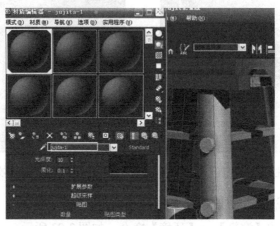

图 3-96　对材质球进行命名

（5）用鼠标单击下面【贴图】中【漫反射颜色】后的【None】按钮，选择【位图】选项，选择桌面素材文件夹中的沙袋贴图，如图 3-97 所示。该贴图的效果图如图 3-98 所示。

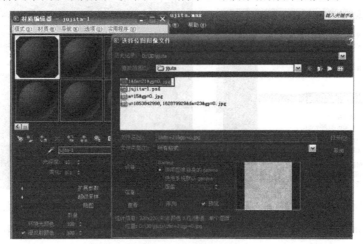

图 3-97　贴图选择面板

（6）单击【漫反射颜色】下边的【凹凸】后的【None】按钮，选择另一张贴图，效果如图 3-99 所示。

 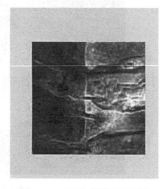

图 3-98　沙袋材质效果图　　　　　　图 3-99　石头贴图效果图

(7)将上边【坐标】中的【纹理】改为【环境】选项,如图 3-100 所示。转到父对象,凹凸的参数不需要改变,如图 3-101 所示。

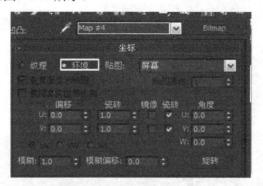

图 3-100　坐标参数修改面板

图 3-101　转到父对象图的参数面板

(8)单击材质球框下面的【将材质指定给指定对象】按钮,然后再单击【视口中显示】→明暗处理材质】命令,将材质赋予对象,效果如图 3-102 所示。

(9)在 Photoshop CS6 中新建一个 216 像素×216 像素大小,72 像素/英寸的 PSD 格式文件,填充颜色后如图 3-103 所示,然后保存作为贴图。

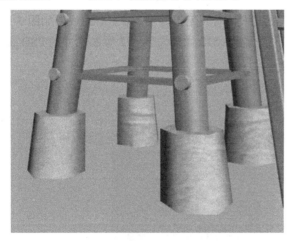

图 3-102　材质赋予对象效果图　　　　图 3-103　Photoshop 新建文件

(10)对第二个材质球进行命名,并单击【漫反射】按钮选择贴图,如图 3-104 所示。

(11)对【反射高光】中的参数进行调整,设置【高光级别】为 45,【光泽度】为 20,【柔化】为 0.1,并将贴图赋予对象,如图 3-105 所示。

图 3-104 漫反射选择贴图面板

图 3-105 反射高光参数面板

（12）选中所有柱子和连接柱子之间的栏杆，对其赋予贴图，贴图后的效果如图 3-106 所示。

（13）在 Photoshop CS6 中绘制一张 512 像素×512 像素大小，72 像素/英寸的 PSD 文件贴图，如图 3-107 所示。

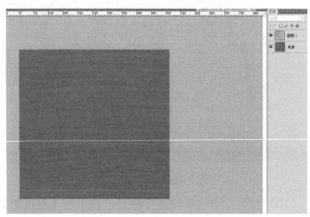

图 3-106 栏杆贴图效果图　　　　　图 3-107 Photoshop 新建贴图

（14）同前面步骤一样，对第三个材质球进行命名，在【贴图】中单击【漫反射颜色】后的按钮，选择【位图】选项，如图 3-108 所示。

图 3-108　漫反射颜色的位图选择面板

（15）打开用 Photoshop 绘制的贴图，单击【凹凸】后的按钮，同样选择该贴图，将【纹理】改为【环境】选项，如图 3-109 所示。

图 3-109　修改坐标选项

（16）选中图中对象，将贴图赋予对象，如图 3-110 所示。

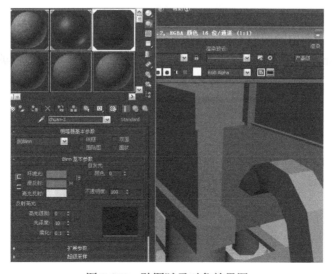

图 3-110　贴图赋予对象效果图

(17)选中狙击塔上边的木柱,对材质球进行命名,单击【漫反射颜色】选择【位图】选项,给予贴图,效果如图 3-111 所示。

(18)单击【凹凸】后的按钮,选择【位图】选项,给予贴图,如图 3-112 所示。

图 3-111　贴图效果图　　　　　　　　　图 3-112　位图贴图

(19)将【坐标】中的【纹理】改为【环境】选项,单击上面的【转到父对象】按钮,回到如图 3-113 所示的参数设置界面,将【凹凸】数量改为 12。

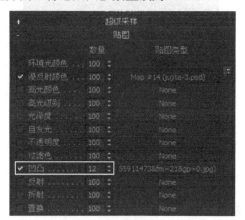

图 3-113　设置凹凸参数面板

(20)将贴图赋予图中的四根木柱,效果如图 3-114 所示。

(21)在 Photoshop CS6 中绘制一张 512 像素×512 像素大小,72 像素/英寸的图片,保存为 PSD 文件。

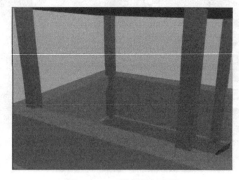

图 3-114　贴图赋予图

（22）选中木柱周围的【C-Ext】，按照上述方法将贴图赋予对象，如图 3-115 所示。贴图完之后的效果如图 3-116 所示。

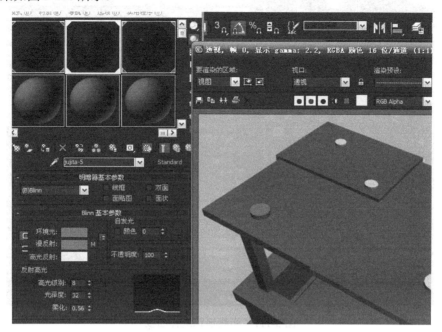

图 3-115　赋予对象贴图

图 3-116　贴图完成效果图

（23）在 Photoshop CS6 中绘制一张 216 像素×216 像素大小，72 像素/英寸的 PSD 格式文件。

（24）选中上面还没贴图的长方体，在【漫反射颜色】中将贴图赋予对象，转到父对象，单击【反射】后边的按钮，选择【光线追踪】选项，如图 3-117 所示。

（25）在【贴图】面板下，将【反射】的数量改为 10，如图 3-118 所示。

（26）改变【反射高光】的参数，设置【高光级别】为 35，【光泽度】为 73，【柔化】为 0.1，如图 3-119 所示。

（27）在 Photoshop 中绘制一张 216 像素×216 像素大小，72 像素/英寸的 PSD 格式文件。

（28）选中图中的对象，对材质球进行命名，在【漫反射】中选择上面绘制的贴图，修改【反射高光】的参数，设置【高光级别】为 40，【光泽度】为 24，【柔化】为 0.34，如图 3-120所示。

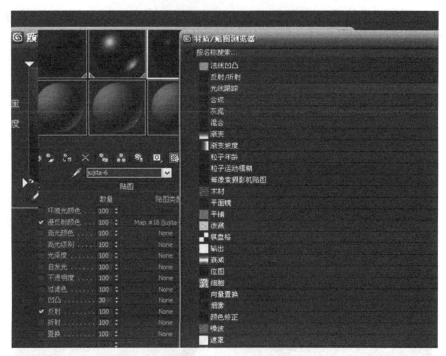

图 3-117　光线追踪选择面板

图 3-118　反射数值修改面板

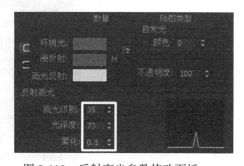

图 3-119　反射高光参数修改面板

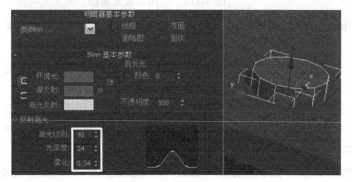

图 3-120　反射高光参数修改面板

（29）将贴图赋予对象，效果如图 3-121 所示。

（30）在 Photoshop CS6 中绘制一张 216 像素×216 像素大小，72 像素/英寸的 PSD 格式文件。

图 3-121　贴图赋予对象效果图

（31）选中柱子上的钉子，按照上述方法修改材质编辑器中的参数，设置【高光级别】为 55，【光泽度】为 0，【柔化】为 0.1，参数面板如图 3-122 所示。

（32）使用之前柱子的贴图，对楼梯的参数进行编辑，设置【高光级别】为 67，【光泽度】为 12，【柔化】为 0.5，在【反射】的贴图类型中选择【光线追踪】选项，如图 3-123 所示。贴图完毕的楼梯效果如图 3-124 所示。

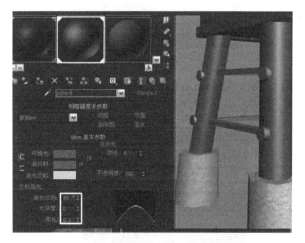

图 3-122　材质编辑器参数修改面板

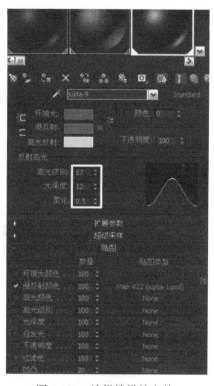

图 3-123　编辑楼梯的参数

（33）在视图空白处单击鼠标右键，选择【全部取消隐藏】选项，将隐藏了的沙包显示出来，效果如图 3-125 所示。

（34）在 Photoshop CS6 中打开一张有沙包的素材图片，如图 3-126 所示。运用左侧工具栏中的【裁剪工具】或按快捷键【C】进行裁剪，如图 3-127 所示。双击鼠标完成裁剪，效果如图 3-128 所示。

（35）在【漫反射颜色】中的【位图】选择制作好的贴图，如图 3-129 所示。

图 3-124 楼梯效果图

图 3-125 显示隐藏沙包

图 3-126 沙包素材图

图 3-127 裁剪贴图

图 3-128 沙包贴图裁剪效果图

图 3-129 选择贴图

（36）在【凹凸】中选择【位图】→【贴图】，将贴图赋予沙包，如图 3-130 所示。

（37）转到父对象，修改【凹凸】的数量为 60，如图 3-131 所示。

图 3-130 沙包材质贴图

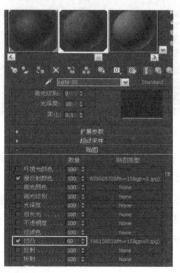
图 3-131 凹凸数量修改面板

(38) 将材质赋予沙包,效果如图 3-132 所示。

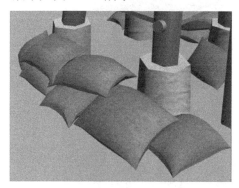

图 3-132 沙包材质效果图

3.2.3 渲染输出效果设置

(1) 在菜单栏上选择【渲染】菜单中的【环境】命令,在弹出的【环境和效果】对话框中,设置颜色参数,【红】、【绿】、【蓝】均为 121,【色调】为 0,【饱和度】为 0,【亮度】为 121,如图 3-133 和图 3-134 所示。

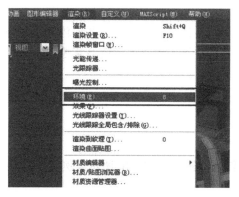

图 3-133 环境选择面板

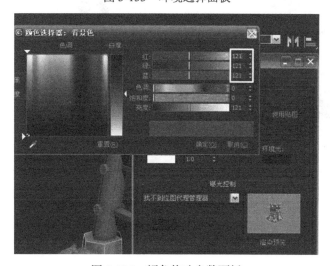

图 3-134 颜色修改参数面板

(2) 单击上边茶壶状的【渲染】按钮进行渲染,效果如图 3-135 所示。

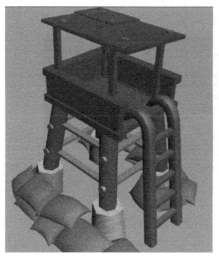

图 3-135　渲染效果图

图 3-135 彩图

本章小结

本章主要讲解了可编辑多边形建模方式，包括几何体模型的创建、图形的创建、建筑模型的创建及对象编辑。通过本章的学习，希望读者能够掌握 3ds Max 软件基础建模的方法和操作技巧，为后续学习打下坚实基础。

拓展任务

运用可编辑多边形建模方式完成如图 3-136 所示案例。

图 3-136　拓展任务效果图

图 3-136 彩图

第 4 章　三维游戏材质和贴图实例

本章详细介绍了材质编辑器，通过案例讲解了【UVW 展开】贴图工具的操作步骤和技巧。掌握常用的材质类型、贴图类型的创建原理和技巧，多边形模型的坐标设置和细腻的质感的编辑是提高三维游戏动画的质量保证。

【学习目标】
(1) 掌握 3ds Max 软件中的材质编辑器属性；
(2) 掌握利用材质编辑器对三维模型赋予相应的材质属性；
(3) 了解生活中的各种物体类型的材质特性；
(4) 掌握 UVW 命令和模型 UV 分解、展开、缝合等设置；
(5) 掌握各类常见的贴图技巧，透明贴图、无缝贴图、烘焙贴图等。

4.1 三维游戏材质类型

材质，简单地说就是物体看起来是什么质地的。材质可以看成是材料和质感的结合。在渲染程序中，它是表面各可视属性的结合，这些可视属性是指表面的色彩、纹理、光滑度、透明度、反射率、折射率、发光度等。

标准材质是最常用的一种材质，它赋予物体一种简单的表面属性。按【M】键弹出【材质编辑器】对话框，下面分别说明【材质编辑器】各个卷展栏参数。

4.1.1 明暗器基本参数卷展栏

【明暗器基本参数】卷展栏如图 4-1 所示，其中各项参数说明如下。

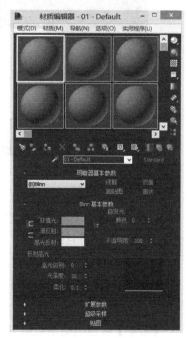

图 4-1　【材质编辑器】中【明暗器基本参数】卷展栏

着色类型：可以控制如何为对象进行上色处理。不同的着色模式将采用不同的算法来计算光的反射、高光及强度等。

线框：勾选此项，将材质显示为线框形态，如图 4-2 所示。

双面：勾选此项，对材质进行双面渲染，即当材质透明时可以显示背面。

面贴图：勾选此项，材质将贴到物体

图 4-2　线框显示

的每一个面。

面状：勾选此项，使面棱角化。

4.1.2 着色类型

在【着色类型】下拉框中提供了 8 种选择，选择不同的着色类型，参数面板会相应变化。下面依次予以说明。

1．各向异性

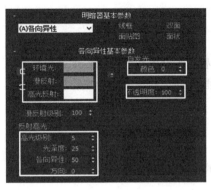

图4-3 各向异性基本参数卷展栏

选择【各向异性】着色模式，系统将用椭圆、各向异性的高光来创建表面。这些高光对于头发、玻璃或是摩擦过的金属有很好的渲染效果表现。【各向异性基本参数】卷展栏如图 4-3 所示，其中各项参数说明如下。

环境光：物体受光照时，材质阴影部分的颜色。
漫反射：材质的基调色。
高光反射：材质高光部分的颜色。
漫反射级别：调节漫反射的光亮度。
自发光：使材质产生一种白炽灯的发光效果。
不透明度：控制物体的透明效果。
高光级别：调节高光反射的光亮度。

光泽度：控制高光的范围。
各向异性：控制高光模式为原形或是椭圆形。
方向：控制高光部分的受光角度。
各向异性材质图例如图 4-4 所示。

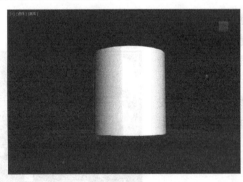

图4-4 各向异性材质图例

2．Blinn

【Blinn】着色类型主要用于表现橡皮、塑料等材质。与下面提到的【Phong】相比，高光部分的感觉较弱，而且圆滑。

3．金属

【金属】着色类型主要用于制作金属材质，效果如图 4-5 所示。

4．多层

【多层】着色类型主要用于塑料、橡皮等材质的表现。它具有两层各向异性，可以对各自的高光进行色彩调节。【多层基本参数】卷展栏如图 4-6 所示，其中个别参数说明如下。

图 4-5　金属材质效果图　　　　图 4-6　多层基本参数卷展栏

漫反射级别：调节漫反射的光亮度。

粗糙度：确定漫反射和环境光的混合程度。

多层材质效果如图 4-7 所示。

5．明暗处理

【明暗处理】着色类型与【Blinn】功能相似，但是高光更为柔和。

6．Phong

【Phong】着色类型同【Blinn】相似，制作像玻璃那样坚硬而光滑的材质。

图 4-7　多层材质效果图

7．金属加强

【金属加强】着色类型用来表现金属材质，比金属材质效果好。

8．半透明明暗器

【半透明明暗器】着色类型表现光空透一个物体的效果，主要用于薄的物体，如窗帘、投影屏幕或者蚀刻了图案的玻璃等。半透明基本参数卷展栏如图 4-8 所示，其中各项参数说明如下。

半透明颜色：用于穿透物体的颜色。

不透明度：控制物体的透明程度。

过滤颜色：穿透半透明物体的光的颜色。

半透明明暗器材质实例效果如图 4-9 所示。

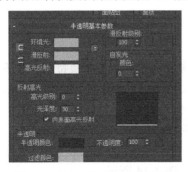

图 4-8　半透明基本参数卷展栏　　　　图 4-9　半透明明暗器材质效果图

4.1.3　常见参数卷展栏

1．扩展参数卷展栏

【扩展参数】卷展栏参数面板如图 4-10 所示，其中各项参数说明如下。

衰减：衰减实例效果如图 4-11 所示。

图 4-10　扩展参数卷展栏　　　　图 4-11　衰减实例效果图

内：设定对象中间部分的透明度。

外：设定对象边缘部分的透明度。

数量：控制透明度的高低。

类型：设置透明对象的透光效果。

过滤：通过乘上透明表面后的颜色来计算滤色。

相减：去掉透明表面后的颜色。

相加：加上透明表面后的颜色。

折射率：设置被折射贴图和光线跟踪使用的折射率。

线框：如果选择线框渲染，则大小设置线框粗细。【按：像素】表示用像素来度量线框；【按：单位】表示用默认单位来度量线框。

反射暗淡：控制如何变暗阴影中的反射贴图。

应用：决定是否使用反射暗淡。

暗淡级别：控制阴影中的变暗程度。

反射级别：影响不在阴影区中的反射强度。

2．超级采样卷展栏

【超级采样】卷展栏参数面板如图 4-12 所示。超级采样主要用来反锯齿，提供了 4 种采样方式。

Max 2.5 星：默认的采样方式，它的原理是在像素的中心周围平均进行 3 个点的采样。

自适应 Halton：按离散的"准随机"模式将采样点沿水平和垂直方向分布。

自适应均匀：采样点规则分布。

Hammersley：采样点沿水平轴规则分布，沿垂直轴离散分布。

3．贴图卷展栏当

【贴图】卷展栏参数面板如图 4-13 所示。当对象具备了一定的材质特性，如某一种色彩、某一种高光以后，并不能完全表现出现实世界中真实的质地，如花纹、凹凸等效果。【贴图】卷展栏则提供了这种操作的可能性，如果要制作出物体反射的效果，则需要在反射中添加屏面镜或光线跟踪或反射/折射贴图来完成。【贴图】卷展栏中的参数说明如下。

环境光颜色：为阴影部分的颜色添加纹理效果，环境光和纹理的混合度用数量来控制。

漫反射颜色：为材质的基调色添加纹理效果，如图 4-14 所示。

高光颜色：为材质高光反射添加贴图。

高光级别、光泽度、自发光、不透明度、过滤色：可用贴图的明暗度来控制，其中不透明度贴图效果如图 4-15 所示。

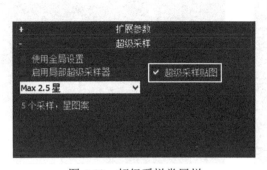

图 4-12　超级采样卷展栏　　　　　图 4-13　贴图卷展栏

图 4-14　添加纹理效果图

图 4-15　不透明度贴图效果图

凹凸：对象表面的粗糙度或凹凸效果用特定的贴图来实现，效果如 4-16 所示。

图 4-16　凹凸效果图

反射：设置对象反射效果，效果如图 4-17 所示。
折射：设置对象折射效果，效果如图 4-18 所示。
置换：其功能类似凹凸，能比凹凸产生更好的凹凸效果，但渲染会增加计算机的负担。

图 4-17　反射效果图　　　　　　　图 4-18　折射效果图

4.1.4　多种材质贴图

1．混合材质

图 4-19　混合基本参数卷展栏

混合材质是将两种不同的材质混合成一种新的材质或通过 Mask 贴图控制材质间的混合程度。在【材质编辑器】对话框中，单击【Standard】按钮，弹出【材质/贴图浏览器】对话框，双击【混合】选项按钮，将出现相应的卷展栏。

【混合基本参数】卷展栏参数面板如图 4-19 所示，其中各项参数说明如下。

材质 1/材质 2：可以设置两种材质。
遮罩：可用贴图的明暗度来控制材质的混合程度。
混合量：用参数值来决定材质间的混合程度。

混合材质效果如图 4-20 所示。

图 4-20　混合材质效果

2. 光线跟踪材质

光线跟踪以模拟真实世界中光的某些物理性质为最终目的，常被用来表现透明物体的物理特性。在【材质编辑器】对话框中，单击【Standard】按钮，弹出【材质/贴图浏览器】对话框，双击【光线跟踪】选项按钮，将出现相应的卷展栏。

（1）【光线跟踪基本参数】卷展栏。光线跟踪材质的基本参数面板如图 4-21 所示，其中各项参数说明如下。

发光度：勾选此项，可以调节对象的自发光数值，也可以通过颜色来调节。

透明度：勾选此项，可以调节对象的不透明数值，也可以通过颜色来调节。

环境：勾选此项，可设置环境贴图。

（2）【扩展参数】卷展栏。光线跟踪材质的扩展参数面板如图 4-22 所示，其中各项参数说明如下。

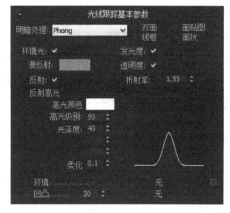

图 4-21　光线跟踪材质的基本参数　　　　图 4-22　光线跟踪材质的扩展参数

附加光：反射的光线颜色。

半透明：产生半透明效果，并设定颜色。

荧光：制作物体发光的效果，并可以设定颜色。

荧光偏移：设置荧光的偏移程度。

高级透明：对透明进行细致的调节，调节密度或折射率等。

3. 墨水和绘画材质

Ink'n Paint（墨水和绘画）材质允许将对象渲染输出为二维效果，通常也被称做卡通材质。在【材质编辑器】对话框中，单击【Standard】按钮，弹出【材质/贴图浏览器】对话框，双击【Ink'n Paint】选项，将出现相应的卷展栏。

（1）【绘制控制】卷展栏。墨水和绘图材质的绘制控制参数面板如图 4-23 所示，其中各项参数说明如下。

亮区：是材质的基调色。

暗区：用于设置物体阴影部分的颜色。如果取消对勾，则阴影的颜色可任意指定，否则阴影的颜色将是 Lighted 的渐变色。

绘制级别：用于指定阴影的简便级别。默认值为 2，没有阴影，如图 4-24 所示是绘制级别值为 6 的效果。

高光：勾选此项，将渲染高光。高光颜色可任意指定。

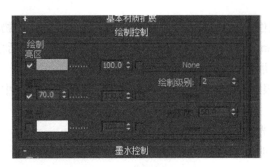

图 4-23 绘制控制卷展栏

图 4-24 绘制级别为 6 的效果图

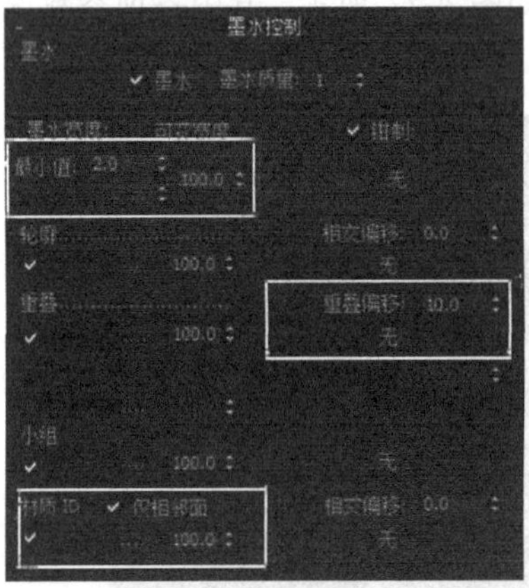

（2）【墨水控制】卷展栏。墨水控制参数面板如图 4-25 所示，其中各项参数说明如下。

墨水：设置是否使用墨水效果。

墨水质量：设置墨水的渲染精度。

墨水宽度/可变宽度：不勾选【可变宽度】选项，则墨水的宽度是一致的。勾选【可变宽度】选项，则墨水的宽度由最小值和最大值同时来决定，如图 4-25 所示。

轮廓：物体的外边缘。

相交偏移：通过它设置两条相交勾线的前后位置。

重叠：当物体与自身一部分相交叠时使用。

重叠偏移：用于打开了重叠后，勾线距离其后面表面的远近，如图 4-25 所示。

图 4-25 墨水控制参数卷展栏

延伸交叠：与重叠相似，设置远表面上的墨水。

小组：用于勾画物体表面光滑组部分的边缘。

材质 ID：用于勾画不同材质 ID 之间的边界。如果两个分别制定了卡通材质的物体在场景中又相交，若打开此开关，则相交部分勾线会重叠。

4．位图贴图

贴图是指应用到材质的图像或纹理，它们以 JPG、TGA、BMP 和 AVI 等格式存储，是最常用的位图贴图。可以这样说，在 3D 世界里没有一个真实的物体是不用贴图的，而位图贴图在所有贴图类型中显得尤为重要。

（1）【坐标】卷展栏。位图贴图的坐标参数面板如图 4-26 所示，其中各项参数说明如下。

位图贴图坐标有两种方式：纹理和环境。其中，**纹理**，用于物体；**环境**，用于背景。

偏移：通过 U 横向和 V 纵向控制贴图的位置。

瓷砖：通过 U、V 值对贴图进行重复显示。

镜像：使图像左右堆成。

角度：对图像在对象表面进行角度调整。

模糊：对图像模糊或清晰显示。模糊偏移用于调节模糊位置，如图 4-26 所示。

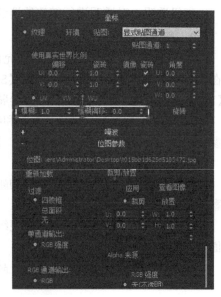

图 4-26 位图贴图的坐标卷展栏

（2）【噪波参数】卷展栏。贴图的噪波参数面板如图 4-27 所示，其中各项参数说明如下。

规则：勾选此项，启用噪波效果。

高：设置噪波强度。

级别：设置噪波应用的级别数。

大小：设置噪波的大小。

低：勾选此项，噪波将依据 Phase 进行持续运动。

相位：控制噪波的运动速度，如图 4-27 所示。

（3）【位图参数】卷展栏。位图参数面板如图 4-28 所示，其中各项参数说明如下。

位图：指定图像所在磁盘位置。

过滤：对贴图进行柔和处理。

单通道输出：输出为 RGB 或 Alpha 形式。

RGB 通道输出：输出为 RGB 或 Alpha 灰度形式。

Alpha 来源：用来决定 Alpha 通道的使用方式。

裁剪/放置：裁剪图像或者调节图像比例，如图 4-28 所示。

（4）【时间】卷展栏。时间参数面板如图 4-29 所示，其中各项参数说明如下。

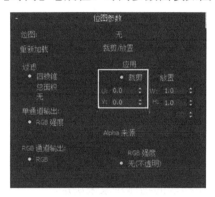

图 4-28　位图参数卷展栏

图 4-29　时间卷展栏

开始帧：设定动画贴图的起始帧。

播放速率：设定动画贴图的播放速度。

循环：重复播放动画贴图。

往复：设定动画贴图为从头到尾、从尾到头地重复播放。

保持：如果勾选此项，则动画贴图播放到最后一帧时，将一直保持在最后一帧。

（5）【输出卷】展栏。输出参数卷展栏如图 4-30 所示，其中各项参数说明如下。

反转：将图像色彩倒置。

钳制：将 RGB Level 设定在 1 以上时，避免图像增量。

来自 RGB 强度的 Alpha：如果勾选此项，Alpha 将根据 RGB 值产生。黑色变为透明，白色变为不透明。

输出量：数值越大，RGB 饱和度越强。

RGB 偏移：用来增加或减少图像颜色的 RGB 值。

凹凸量：用于设定图像的凹凸程度。

启用颜色贴图：勾选启用颜色贴图项，此功能被打开。可以调节图像的环境光、中间色、高光反射，如同 Photoshop 软件的 Graph 调节工具一样，常用来校正图像，如图 4-31 所示。

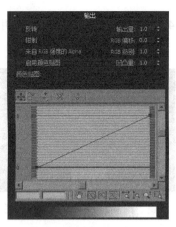 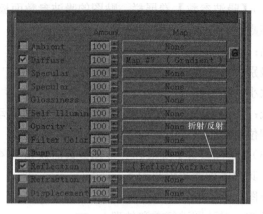

图 4-30 输出卷展栏　　　　　图 4-31 校正图像

5．衰减贴图
衰减贴图主要表现色彩逐渐消失的现象，通过轴向还可以确定色彩消失的方向。

（1）【衰减参数】卷展栏。衰减参数面板如图 4-32 所示，其中各项参数说明如下。

① **颜色**：确定混合色彩。

② **衰减类型**。

Towards/Away：用于近距离/远距离。

Perpendicular/Parallel：用于垂直/水平。

Fresnel：用于透明物体的折射值中。

Shadow/Light：根据灯光来决定。

Distance Blend：依据距离混合产生。

③ **衰减方向**。

Viewing Direction：依据视图显示的方向。

Camera x/y-Axis：依据摄像机的方向。

Object：依据 Mode Specific Parameters/Object 中拾取的物体对象来决定。

Local x/y/z-Axis：依据物体局部坐标来决定。

World x/y/z-Axis：依据物体世界坐标来决定。

④ **模式特定参数**。

对象：将衰减方向设为 Object 时，此项被激活。在 Object 中可以指定物体。

Override Material IOR：如果衰减类型设为 Fresnel，此项被激活，可以在 Index of Refraction 中设置折射率。

距离混合参数：如果衰减类型设为 Distance Blend，则此项被激活。

Near Distance：设定 Blend 起始距离。

Far Distance：设定 Blend 结束距离。

（2）【混合曲线】卷展栏。混合曲线参数面板如图 4-33 所示。其中 Mix Curve 可以更为精确地控制衰减效果。添加中等模糊效果前后的对象效果如图 4-34 所示。

6．平面镜贴图
平面镜主要制作如镜子反射的效果，多用于如玻璃、金属、瓷器等的反射。

（1）【平面镜参数】卷展栏。平面镜参数面板如图 4-35 所示。

模糊：使反射部分进行模糊处理，如图 4-34 所示。

图 4-32 衰减参数卷展栏

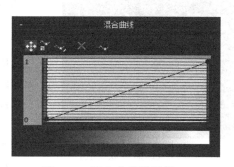

图 4-33 混合曲线卷展栏

仅第一帧：在输出动画时只对第一帧进行计算。

每 N 帧：在输出时每隔多少帧对平面镜进行计算。

使用环境贴图：反射时对环境贴图也计算在内。

应用于带 ID 的面：当给物体添加 ID 进行反射时，此选项可以用来确定面的 ID。

图 4-34 添加中等模糊效果前后的对象效果

图 4-35 平面镜参数卷展栏

（2）【扭曲】卷展栏。扭曲参数面板如图 4-36 所示。

使用凹凸贴图：使用凹凸并根据图像进行扭曲。

使用内置噪波：可自定义图像扭曲的程度。

扭曲量：通过此值可设置图像扭曲的强度。

噪波：设置噪波类型。

规则：规则类型。

分形：分形类型。

湍流：湍流类型。

相位：控制噪波运动的速度。

大小：设置噪波的大小。

级别：设置噪波的精确。

图 4-36 扭曲卷展栏

7．光线跟踪贴图

同平面镜贴图功能类似，光线跟踪贴图也能产生反射效果，但光线跟踪贴图能产生更逼真、更高级的反射效果，唯一的缺点就是运算速度较慢。

（1）【光线跟踪器参数】卷展栏。光线跟踪器参数面板如图 4-37 所示。

图4-37 光线跟踪器参数卷展栏

启用光线跟踪：决定是否使用光线跟踪。
光线跟踪大气：决定是否对大气进行反射。
启用自反射/折射：此开关选项决定是否使用自反射和自折射。
反射/折射材质 1D：决定是否指定 ID 相对效果。
追踪模式：设置光线跟踪的计算方式。
自动检测：自动设置反折射。
反射：只进行反射计算。
折射：只进行折射计算。
局部排除：设置场景中的某些物体是否进行反射/折射运算。

背景：设置背景。
使用环境设置：使用环境设置选项作为默认背景。
Color：指定某种颜色作为背景。
None：指定一种贴图作为背景。
全局禁用光线抗锯齿：设置光线跟踪的抗锯齿选项。

（2）【衰减】卷展栏。衰减参数面板如图 4-38 所示。
衰减类型：设置反射部分的衰减效果，如禁用、线性、反平方比、指数、自定义，衰减类型效果如图 4-39 所示。

图4-38 衰减卷展栏

图4-39 衰减类型

（3）【基本材质扩展】卷展栏。基本材质扩展参数面板如图 4-40 所示。
浓度颜色：设置折射部分的密度和颜色。
雾：在光线跟踪中添加雾效果。
折射材质效果如图 4-41 所示。

图4-40 基本材质扩展卷展栏

图4-41 折射材质效果

8．UVW 贴图坐标

当赋予物体材质和贴图后，有时会发现，指定的贴图并不能很好地适配于物体。这是为什么呢？这是因为贴图缺少一种能与物体相匹配的坐标，这个坐标就是 UVW 坐标。UVW 贴图是 3ds Max 对物体赋予图像的操作过程之一。它可以决定图像添加的方向、比例、数量等因素。UVW 坐标相当于物体的 XYZ 轴坐标，它分别指向 3 个方向。

（1）UVW 贴图的【参数】卷展栏。UVW 贴图参数面板如图 4-42 所示。

贴图：用来选择贴图类型的工具。针对不同的物体，贴图类型也有所不同，分为平面、柱形、球形、收缩包裹、长方体、面、XYZ 到 UVW 等。

长度/宽度/高度：设置 UVW 贴图次物体 Gizmo 大小。

U/V/W 向平铺：设置 3 个方向贴图的平铺数量。

（2）【通道】卷展栏。通道参数面板如图 4-43 所示。

贴图通道：在一个物体中添加多种贴图和贴图坐标。

顶点颜色通道：应用顶点通道。

（3）【对齐】卷展栏。对齐参数面板如图 4-44 所示。

图 4-42　UVW 贴图的参数卷展栏

图 4-43　通道卷展栏

图 4-44　对齐卷展栏

X/Y/Z：根据物体的 XYZ 轴进行对齐。

适配：根据物体的大小自动调整 Gizmo 大小。

中心：根据物体的中心确定 Gizmo 的中心。

位图适配：根据指定图像的大小来确定 Gizmo 的大小。

法线对齐：依据物体的法线来对齐 Gizmo。

视图对齐：根据当前操作视图来对齐 Gizmo。

区域适配：在视图中直接绘制 Gizmo。

重置：初始化 Gizmo。

获取：复制其他物体的 Gizmo，为当前物体所用。

4.2 游戏场景面包材质实例

本案例利用已经完成的面包和盘子模型，制作面包材质和盘子材质，效果如图 4-45 所示。

微课：面包材质贴图

（1）打开"馒头"的 3ds Max 素材文件，按快捷键【M】打开【材质编辑器】面板，如图 4-46 所示。

图 4-45　材质贴图效果

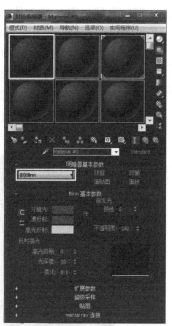

图 4-46　【材质编辑器】面板

（2）选中其中一个馒头，给予一个【材质球】。选择材质编辑器中的【漫反射】选项，单击【渐变】选项，如图 4-47 所示。

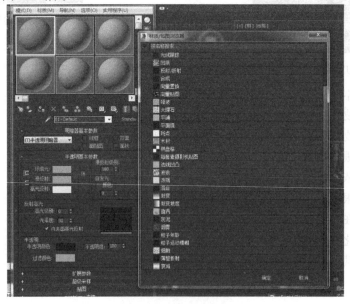

图 4-47　选择材质

(3) 设置【颜色1】所示颜色,【红】为200,【绿】为113,【蓝】为27,【色调】为21,【饱和度】为220,【亮度】为200,如图4-48所示;设置【颜色2】所示颜色,【红】为245,【绿】为190,【蓝】为100,【色调】为26,【饱和度】为151,【亮度】为245,如图4-49所示;设置【颜色3】所示颜色,【红】为255,【绿】为223,【蓝】为205,【色调】为15,【饱和度】为50,【亮度】为255,如图4-50所示。

图4-48　颜色1　　　　　　　　　图4-49　颜色2

(4) 调整【噪波】参数【数量】为0.3,【大小】为4.0,如图4-51所示。

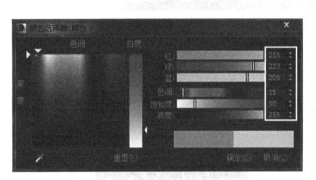
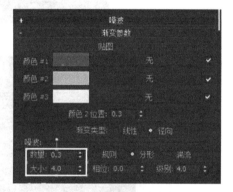

图4-50　颜色3　　　　　　　　　图4-51　调整噪波参数

(5) 单击【材质编辑器】的【转到父对象】按钮,返回上一级【父对象】,如图4-52所示。调整【高光】参数【高光级别】为35,【光泽度】为35,【柔化】为0.5,如图4-53所示。

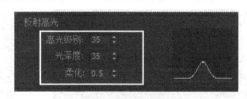

图4-52　转到父对象　　　　　　　图4-53　设置高光参数

(6) 在【贴图】中选择【凹凸】贴图中的【细胞】贴图,如图4-54所示。

(7) 调整凹凸贴图【坐标】中的参数,【大小】为30,【扩散】为2,【凹凸平滑】为0.1,【迭代次数】为4,如图4-55所示。

(8) 单击【材质编辑器】的【将材质指定给选定对象】按钮,如图4-56所示。将材质球分别给予3个馒头,效果如图4-57所示。

(9) 选择另一个材质球,【漫反射】贴图选择【位图】选项,选择桌面项目文件夹里的"盘子.jpg"图片,将材质球给予盘子,改坐标参数,【偏移】【U】为2、【V】为1,【瓷砖】【U】为2,【V】为1,如图4-58所示。

(10) 再选择另一个【材质球】,【漫反射】贴图选择【位图】选项,选择桌面项目文件夹里的"桌布.jpg"图片,将材质球给予地面。最终渲染效果如图 4-59 所示。

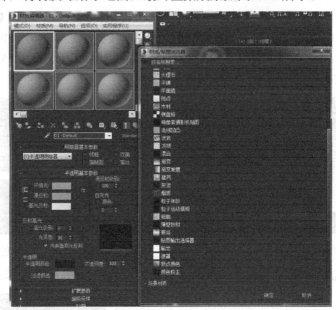

图 4-54 细胞贴图

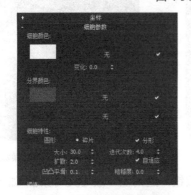

图 4-55 设置凹凸贴图参数　　　　图 4-56 将材质指定给选定对象

图 4-57 赋予材质效果图　　　　图 4-58 位图设置

图 4-59 渲染效果

4.3 制作书本贴图实例

微课：书本贴图

在三维动画制作过程中，了解 UV 设置对于材质设置非常重要。本案例主要利用 UVW 展开来对书本的 UV 进行展开，掌握 UVW 中的命令设置，摆放 UV，编辑缝合 UV，并掌握书本贴图制作的整个过程。

（1）在前视图中创建一个长方体，设置参数长为 130，宽为 80，高为 20，如图 4-60 所示。

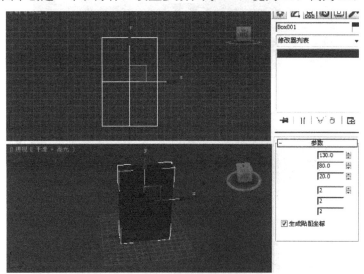

图 4-60　创建长方体

（2）单击长方体将其转换为可编辑多边形，如图 4-61 所示。选中充当书页的 3 个面，进行【插入】和【挤出】操作，如图 4-62 所示。在【挤出】命令中单击展开选择【按局部法线挤出】命令，参数改为-2，如图 4-63 所示。

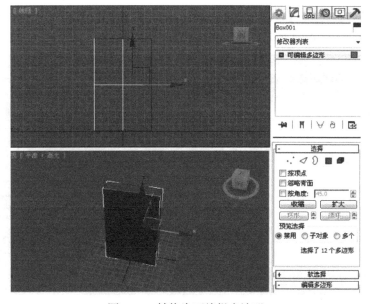

图 4-61　转换为可编辑多边形

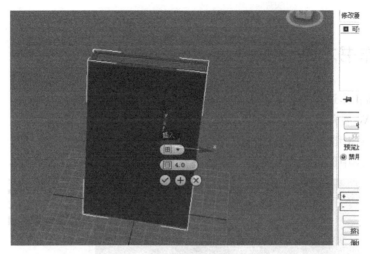

图 4-62　挤出

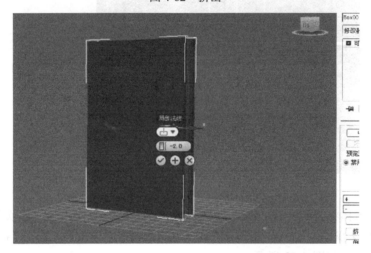

图 4-63　按局部法线挤出

（3）在修改器列表打开【UVW 展开】命令，在下面的参数面板单击【编辑 UVW】按钮，设置【贴图通道】，如图 4-64 所示。

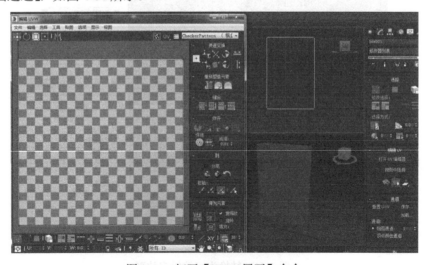

图 4-64　打开【UVW 展开】命令

（4）在【面】中选择模型的前面那个面，在【贴图参数】面板单击【平面】按钮，这样封面就投射到了编辑器里，（可以通过"对齐 X、Y、Z"选择正确的投射面），在修改器列表单击一下空白地方，再选择【面】，在编辑器里把封面拖出蓝色粗边框外，如图 4-65 所示。

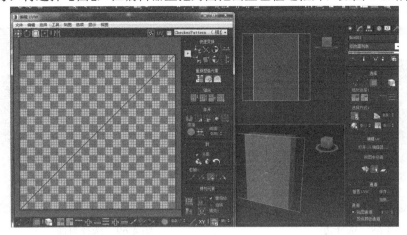

图 4-65　投射封面

（5）用同样方式投射书脊和封底，如图 4-66 和图 4-67 所示。

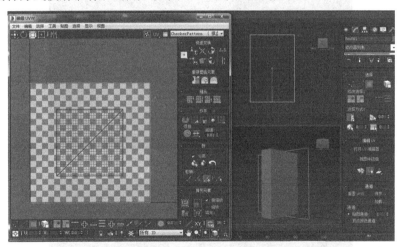

图 4-66　投射书脊

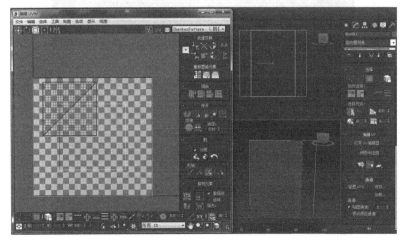

图 4-67　投射封底

(6) 选择【边】，如图 4-68 所示。当单击一条边时，就会出现另一条显示红色或蓝色的边，代表是对应的边，因此选择模型前面那个面，如图 4-69 所示。使用【工具】→【水平翻转】命令，如图 4-70 所示，然后再次将中间的书脊也同样水平翻转，如图 4-71 所示。这样边就对应上了，效果如图 4-72 所示。

图 4-68 选择边

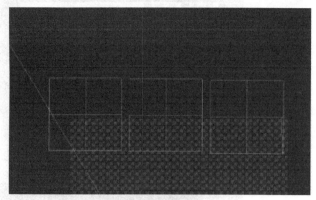
图 4-69 选择封面

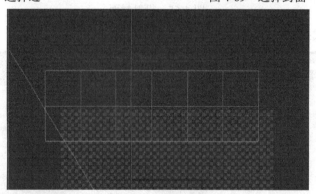
图 4-70 水平翻转

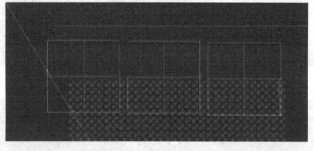
图 4-71 再次水平翻转

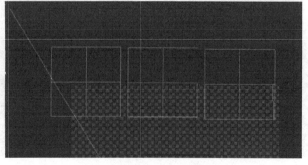
图 4-72 效果

(7) 先选定 a 边，再选择要缝合的 b 边，单击【选定缝合】按钮，把其余的对应边依次缝合，如图 4-73 和图 4-74 所示。

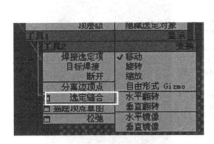
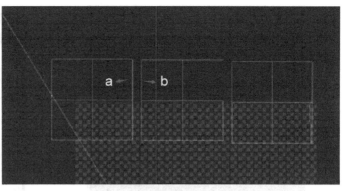

图 4-73　选定缝合　　　　　　　　　图 4-74　依次缝合

(8) 平面投射出书页的上、中、下部分，如图 4-75 所示。

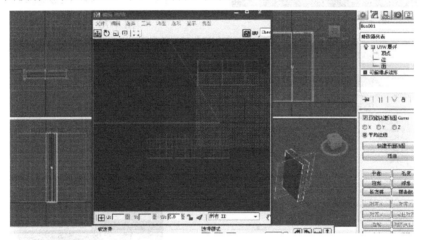

图 4-75　平面投射书页的上、中、下部分

(9) 平面投射除封底面、书脊、书页的部分，如图 4-76 所示。

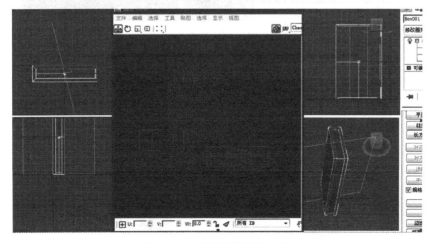

图 4-76　平面投射其他部分

(10) 把所有面用比例工具缩小放到框内，如图 4-77 所示。
(11) 在编辑器内单击【工具】选择【渲染 UVW 模板】命令，弹出【渲染 UVs】对话框，单击【渲染 UV 模板】按钮，如图 4-78 所示。单击左上角的【保存图像】按钮，如图 4-79 所示。保存为"Targa 格式"，如图 4-80 所示。

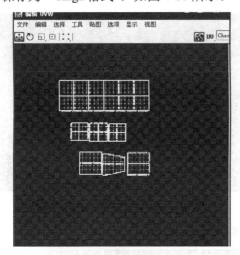

图 4-77　缩小面　　　　　　　　　　图 4-78　渲染 UV 模板

图 4-79　另存为

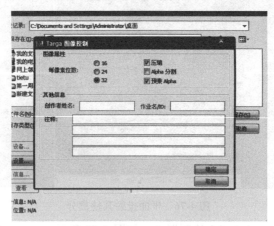

图 4-80　保存为 Targa 格式

(12)用 Photoshop 软件打开图片,打开【通道】面板,按住【Ctrl】键的同时单击【Alpha 1】,出现选区,如图 4-81 所示。

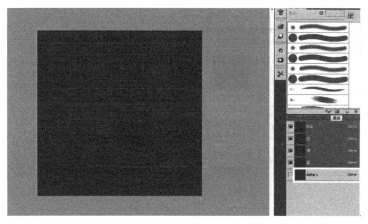

图 4-81 载入选区

(13)回到图层面板,在右下角找到【创建新图层】图标,新建一个层,按【Alt+Delete】组合键填充前景色,如图 4-82 所示。按【Ctrl+D】组合键取消选区,【删除】背景层,如图 4-83 所示。

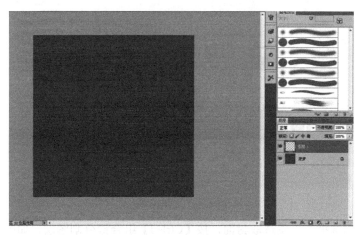

图 4-82 新建图层

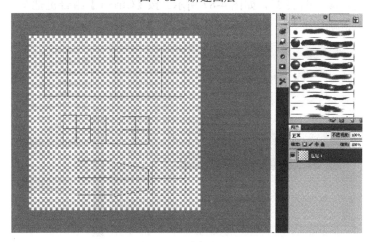

图 4-83 删除背景层

（14）【打开】贴图，按【Ctrl+A】组合键全选贴图，如图4-84所示。按【Ctrl+C】组合键复制，回到原来的文件，按【Ctrl+V】组合键粘贴，出现"图层2"，把"图层2"拖到"图层1"下面，如图4-85所示。

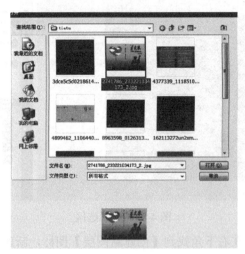

图4-84　全选贴图

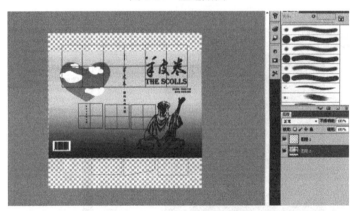

图4-85　粘贴贴图

（15）用【矩形选框】工具选取封面，按【Ctrl+J】组合键分割图层，如图4-86所示。单击"图层2"前的眼睛隐藏"图层2"，如图4-87所示。按【Ctrl+T】组合键把图变形到左边封面的框内，按【Enter】键确定变形，如图4-88所示。

图4-86　分割图层

图 4-87　隐藏图层

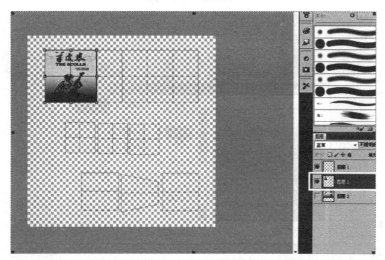

图 4-88　变形

（16）显示"图层 2"，用同样的方法截取书脊和封底，如图 4-89 所示。

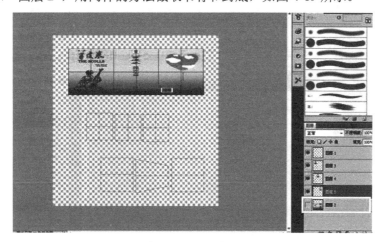

图 4-89　显示图层 2

（17）新建一个图层，用【矩形选框】工具框选中间的书页，如图 4-90 所示。设置书页颜色为【f8f5e6】，如图 4-91 所示。按【Alt+Delete】组合键填充，如图 4-92 所示。用同样方法【填充】下面的部分，如图4-93所示。

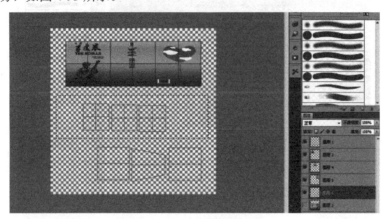

图4-90 选中书页

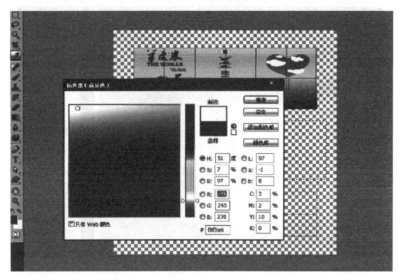

图4-91 拾取颜色

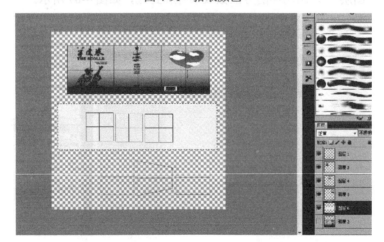

图4-92 填充

（18）隐藏"图层1"的线框，并保存为"JPG格式"，如图4-94所示。

（19）在3ds Max 2016中，在选中书的状态下，按【M】键打开【材质编辑器】窗口，选择一个材质球,单击【漫反射】旁的小白框,双击【位图】命令,如图 4-95 所示。打开刚刚保存的 JPG 格式图片,如图 4-96 所示。

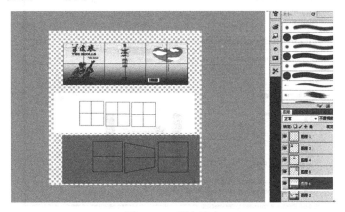

图 4-93　再次填充

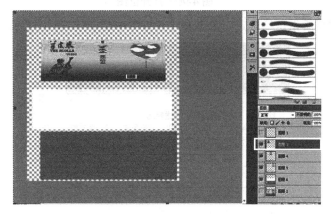

图 4-94　隐藏图层 1 线框

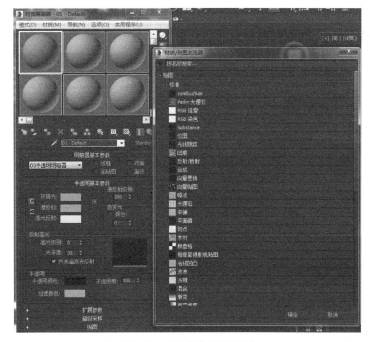

图 4-95　材质编辑器面板

图 4-96 打开位图

（20）单击【将材质指定给选定对象】和【在视口中显示标准贴图】命令，如图 4-97 所示。

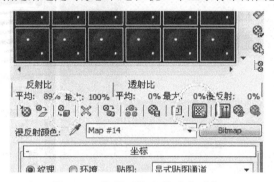

图 4-97 将材质指定给选定对象

（21）如果此时发现封面反了，回到修改面板打开【编辑 UVW】窗口，在右上角的下拉框选择【拾取纹理】命令，如图 4-98 所示。

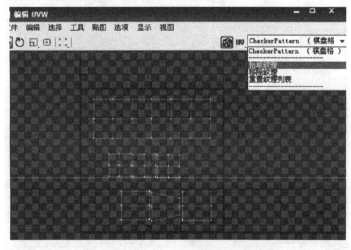

图 4-98 拾取纹理

（22）双击【位图】打开 JPG 格式图片，选择封面，如图 4-99 所示。进行水平翻转，编辑 UVW，如图 4-100 所示。按【Shift+Q】组合键进行渲染，完成效果如图 4-101 和图 4-102 所示。

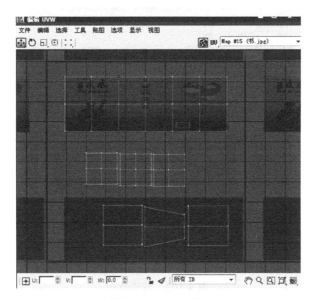

图 4-99 选择封面

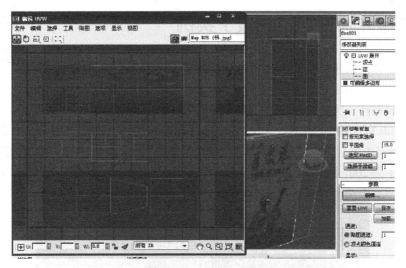

图 4-100 编辑 UVW

图 4-101 渲染正面

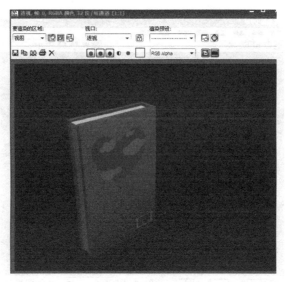

图 4-102 渲染背面

4.4 制作休闲三维游戏骰子实例

微课：三维游戏骰子制作

骰子是许多休闲娱乐游戏必不可少的工具之一，比如麻将等。相传，骰子最初用做占卜工具，后来才演变成以骰子定输赢的娱乐活动。下面用 3ds Max 制作一个简单的骰子，基本操作步骤如下。

（1）打开 3ds Max 2016，新建一个文档，进入【创建】面板，选择顶视图，单击【创建】→【几何体】→【扩展基本体】→【切角长方体】命令，用鼠标拉出一个切角正方体，设置参数【长度】为 200，【宽度】为 200，【高度】为 200，【圆角】为 18，【圆角分段】为 3，如图 4-103 所示。

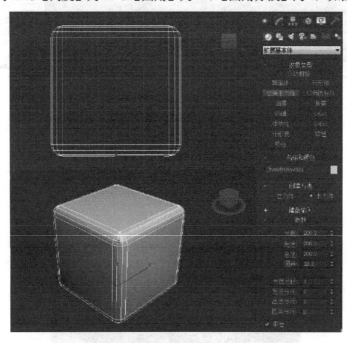

图 4-103 创建切角正方体

(2)回到顶视图,单击【创建】→【几何体】→【标准基本体】→【球体】命令,用鼠标拉出一个半径为 18 的球体并摆好位置,如图 4-104 所示。

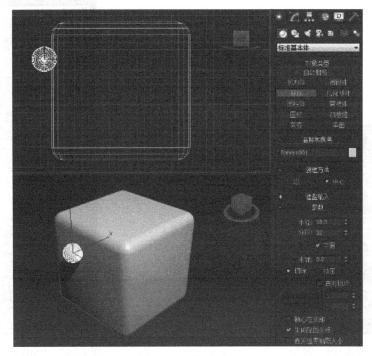

图 4-104 创建球体

(3)按快捷键【W】开启【移动】命令,按【Shift】键加鼠标移动复制球体到骰子的每一个面,分别在每个面上复制球体个数为 1、2、3、4、5、6,如图 4-105 所示。

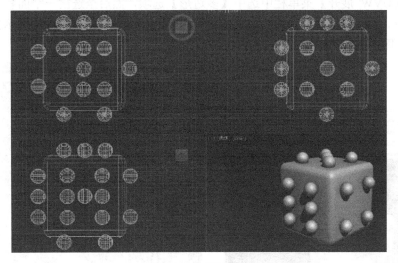

图 4-105 复制球体

(4)选中任意一个球体,单击球体将其转换为可编辑多边形,从下拉菜单栏选择【附加】命令将其他球体全部附加起来,如图 4-106 所示。

(5)选中正方体,单击【创建】→【几何体】→【复合对象】→【ProBoolean】命令,在下拉菜单栏,单击【开始拾取】按钮后单击球体,如图 4-107 所示。最终效果如图 4-108 所示。

图 4-106　附加

图 4-107　ProBoolean

（6）这样就完成了建模。接下来要给骰子进行贴图，首先将骰子模型转换为可编辑多边形，单击【修改】→【修改器列表】→【UVW 展开】命令，如图 4-109 所示。

（7）在【UVW 展开】菜单栏中选中【多边形】选项，然后全选出一个面和点数（可以在其他视图圈选，然后将重叠选择的面取消选择），在【UVW 编辑器】中就会显示出选择的面，如图 4-110 和图 4-111 所示。

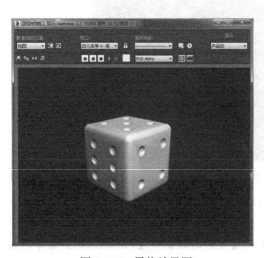
图 4-108　最终效果图

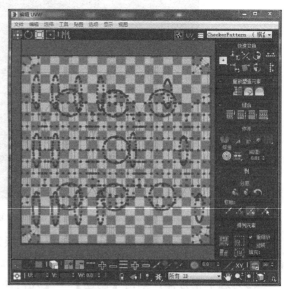
图 4-109　UV 展开

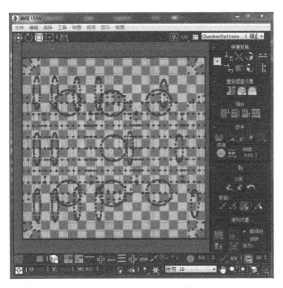
图 4-110 UVW 编辑器

图 4-111 选择面

（8）单击右侧的【断开】命令，将 UV 分离出来，如图 4-112 所示。

（9）选中 UV 后在【编辑 UVW】命令栏中选择【贴图】→【法线贴图】命令，在下拉列表中选择【左侧/右侧贴图】选项，并且将【间距】设为 0，如图 4-113 所示。用这个方法，可以很好地将骰子的面的贴图分解、整合出来，效果如图 4-114 所示。

图 4-112 断开

图 4-113 法线贴图

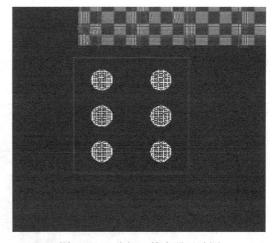
图 4-114 分解、整合骰子贴图

（10）使用同样的方法将骰子的其他面也分离、整合出来，要注意的是，根据不同的面要更改贴图的位置，例如是正面的贴图，那么【左侧/右侧贴图】这一项则要改为【正面/背面贴图】，而【间距】始终为 0。参考效果图如图 4-115 所示。

（11）完成了有点数的面和点数的 UVW 展开，接下来要完成切角部分的 UVW 展开，需要在视图中选中剩余的部分的 UV，如图 4-116 所示。

（12）选择后在【编辑 UVW】命令栏上单击【贴图】→【展平贴图】命令，将参数多边形角度【阈值】设置为 45，【间距】设置为 0.02，就可以将剩余部分的 UVW 展开，展开后需要对这些 UV 进行调整，如图 4-117 所示。

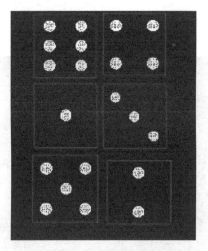

图 4-115 分离其他面

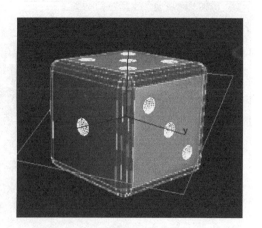

图 4-116 选中剩余的部分的 UVW

图 4-117 设置展平贴图参数

（13）最后要将所有展开的 UV 调整后摆在棋盘格内，如图 4-118 所示。

（14）在【编辑 UVW】命令栏上选择【工具】→【渲染 UVs】→【渲染 UV 模板】命令，然后将其另存为 Targa 格式文件，如图 4-119 所示。

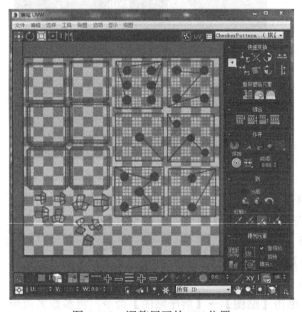

图 4-118 调整展开的 UV 位置

图 4-119 渲染 UVs 模板

（15）用 Photoshop CS6 软件打开刚刚保存的 Targa 格式贴图文件，进入【通道】面板，按

【Ctrl】键的同时单击"Alpha 1"图层，将其转换为选区，如图 4-120 所示。

（16）回到【图层】面板，新建一个图层，选择一个颜色填充选区，就可以新建图层进行绘制贴图，完成绘制后隐藏线框，然后保存文件，如图 4-121 所示。贴图完成参考如图 4-122 所示。

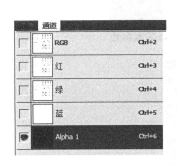  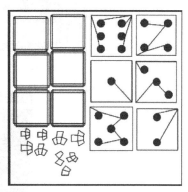

图 4-120　转换为选区　　　图 4-121　绘制贴图　　　图 4-122　贴图完成

（17）回到 3ds Max 2016，按快捷键【M】打开【材质编辑器】窗口，选择第一个材质球，单击【漫反射】后的选项框打开【材质/贴图浏览器】窗口，选择【位图】选项，单击后选择绘制好的贴图文件，如图 4-123 所示。

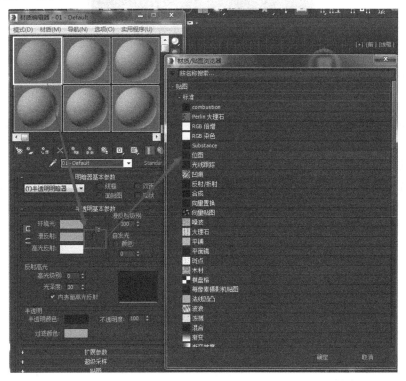

图 4-123　选择位图

（18）选择后单击【材质编辑器】右侧的【转到父对象】命令回到顶层，如图 4-124 所示。

（19）将【基本参数】中的【环境光】改为白色，将【反射高光】中的【高光级别】改为 80，【光泽度】改为 60，【柔化】改为 0.1，如图 4-125 所示。

（20）将材质赋予骰子模型，按【Shift+Q】组合键快速渲染，效果如图 4-126 所示。

 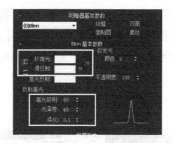

图 4-124　转到父对象　　　　图 4-125　修改明暗基本参数

图 4-126　快速渲染效果图

4.5　制作游戏道具透明贴图实例

微课：透明贴图

在游戏制作中常常需要对物体进行贴图制作，本实例利用贴图技巧来制作模型渲染效果，达到在场景中降低整个场景的面数的要求，使得游戏引擎对模型更好的优化。下面就来学习透明贴图实例制作。

（1）首先需要知道在 3ds Max 2016 里建立多大的平面，在文件夹查看尺寸，如图 4-127 所示红框位置中的尺寸为 658×1048。

图 4-127　查看尺寸

(2）在前视图中拖动一个平面后，如图 4-128 所示。设置参数【长度】为 1048cm，【宽度】为 658cm，长度/宽度分段均为 1，如图 4-129 所示。打开【UVW 编辑器】，如图 4-130 所示。给予【UVW 展开】如图 4-131 所示。

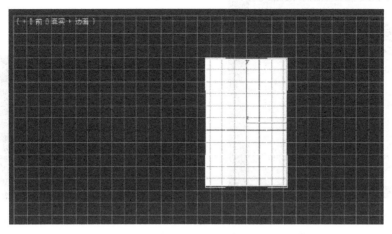

图 4-128　创建平面

图 4-129　设置参数　　　　图 4-130　编辑 UV　　　　图 4-131　UVW 展开

(3) 单击【渲染 UV 模板】按钮，然后保存为 JPG 格式图片，如图 4-132 所示。

(4) 将道具绘制的图片拖动到道具贴图里，自由变换成等同尺寸，如图 4-133 所示。

 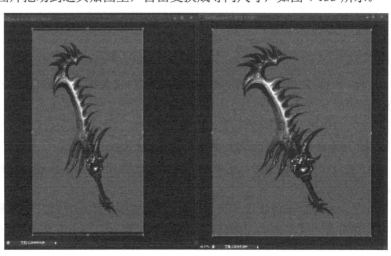

图 4-132　渲染 UV 模板　　　　图 4-133　修改绘制图片的尺寸

（5）使用【魔法棒】工具单击空白处，然后同时按住【Ctrl+Shift+I】组合键（反向键），在通道面板单击【将选区存储为通道】选项，如图 4-134 所示，则生成了 "Alpha 1 通道"，如图 4-135 所示。

图 4-134　存储为通道　　　　　　　　图 4-135　生成 Alpha 1 通道

（6）将道具贴图存储为【Targa 格式】即可，如图 4-136 所示。

图 4-136　存储为 Targa 模式

（7）给予 plane 一个材质球，单击【漫反射】→【位图】选项，选择制作好的【道具贴图.tga】，如图 4-137 所示。

（8）在 Blinn 基本参数下漫反射下方看，有不透明度，这时直接把漫反射贴图拖动给不透明度贴图的位置，选择【复制】命令，如图 4-138 所示。

（9）进入不透明度贴图，在单通道输出处选择【Alpha】选项，此时贴图就制作完成了，如图 4-139 所示。

（10）现在添加一盏【目标聚光灯】，在顶视图中拖动方向，前视图中调整位置。然后打开【常规参数】，启用【阴影】，选择【光线跟踪阴影】，如图 4-140 所示。最终得到效果图如图 4-141 所示。

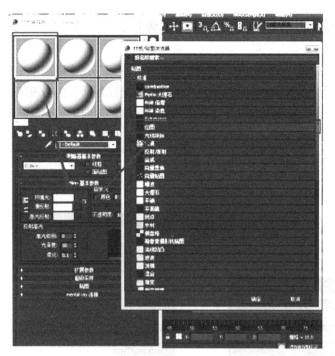

图 4-137 选择位图

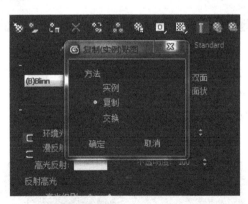

图 4-138 复制(实例)贴图

图 4-139 完成贴图制作

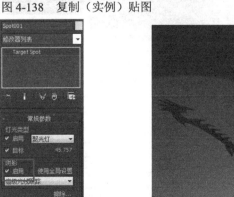

图 4-140 光线跟踪阴影

图 4-141 最终效果图

图 4-141 彩图

4.6 制作游戏场景无缝贴图实例

无缝贴图同凹凸贴图、法线贴图、置换贴图一样，同属于三维贴图中一种实现物体形象化的技术手段，与其他贴图不同的是，无缝贴图通常用在表现场景的背景上，比如墙壁的重复的花纹，重复的地面（街道的地面）和一些其他带有重复性质的地方。可用 Photoshop 等平面软件进行处理，让图片边缘上下左右能相接。

（1）在网上保存一张木纹贴图素材，如图 4-142 所示。

（2）单击【滤镜】→【其他】→【位移】命令，任意设置数值，选定【水平方向】，如图 4-143 所示。

图 4-142 木纹贴图

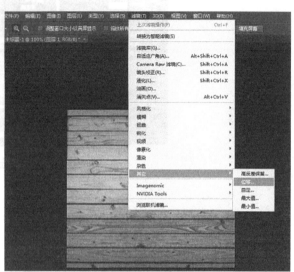
图 4-143 调整方向

（3）如图 4-144 所示，图片边缘的缝就是要去掉的，使用【仿制图章】工具，调低透明度慢慢磨，慢慢过渡自然，完成后再怎么水平位移都不会出现缝隙了，接着进行垂直方向的位移，与水平方向处理方法一样，如图 4-145 所示。

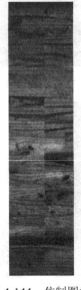
图 4-144 仿制图章

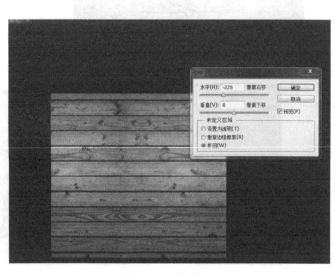
图 4-145 位移

（4）无缝贴图完成了，接下来使用 3D 添加贴图的效果，为圆环添加材质球，注意命名，单击【漫反射】→【位图】命令添加刚刚制作好的木纹贴图，然后调整好瓷砖的数量，如图 4-146 所示。这时候单击【渲染】按钮就可以得到如图 4-147 所示效果。

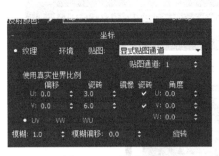
图 4-146　位图设置

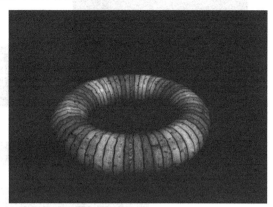
图 4-147　渲染效果图

4.7 游戏场景烘焙贴图实例

烘焙贴图的作用是通过在 3ds Max 2016 里对模型进行打灯光渲染，明确光源的方向，使用烘焙到贴图的命令烘焙渲染出一张带有明暗关系的贴图，从而进行贴图的绘制。下面是烘焙贴图的详细步骤。

微课：烘焙贴图

（1）先为模型进行【UVW 展开】，避免重叠，如图 4-148 所示。

（2）单击【Rendering（渲染）】菜单下的【Environment（环境）】选项，也可直接按快捷数字键【8】，设置【环境光】为黑色，如图 4-149 所示。

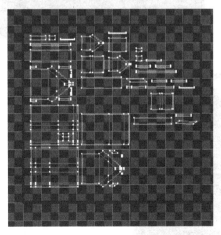
图 4-148　UVW 展开

图 4-149　设置环境光

（3）为场景增加一盏【天光】，如图 4-150 所示。

（4）选择模型，单击【Rendering（渲染）】菜单→【Render To Texture（渲染到贴图）】选项，也可直接按快捷键数字键【0】，设置输出路径，如图 4-151 所示。

（5）选择【输出】→【添加】命令，选择【CompleteMap（合成贴图）】选项，如图 4-152 所示。设置尺寸为 512×512，如图 4-153 所示。

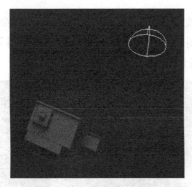

图 4-150 增加一盏天光

图 4-151 设置输出路径

图 4-152 合成贴图

（6）最后单击最左下角的【渲染】按钮，如图 4-154 所示，生成效果如图 4-155 所示。

图 4-153 设置尺寸

图 4-154 渲染

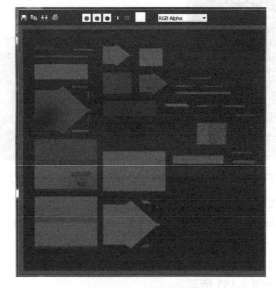

图 4-155 最终效果图

图 4-155 彩图

本章小结

本章通过对材质与贴图的基本内容的讲解，让读者对材质编辑有一个深刻的理解，能够利用合适的材质为模型添加材质或者对应的贴图。在学习过程中，要注意不论使用什么材质，都需要懂得该材质的特性，从而能够在制作三维游戏动画中得心应手。

拓展任务

1. 利用金属材质制作如图 4-156 所示金属材质效果。

图 4-156　金属材质效果图　　　　　　　　　图 4-156 彩图

2. 【材质编辑器】中有几种材质类型？分别是哪几种？它们都具有哪些特定的属性？
3. 利用【UVW 展开】设置制作如图 4-157 和图 4-158 所示效果。

图 4-157　UVW 展开效果图（1）　图 4-157 彩图　　图 4-158　UVW 展开效果图（2）　图 4-158 彩图

第 5 章 移动端三维游戏图标和界面设计

人机交互方式正在向三维、多通道交互的方向发展，其设计原则是发掘用户在人机交互方面的不同需求，注重人的因素，以达到让用户享受人机交流的愉悦体验。图标是具有指代意义的有标志性质的图形，它不仅是一种图形，更是一种标志，具有高度浓缩并快捷传达信息、便于记忆的特性。

近些年随着游戏开发技术的快速发展，三维游戏受到广大玩家的青睐，PC 端的三维游戏已经非常普及，而随着拥有智能操作系统平台（IOS、Android、Windows Phone）的手机越来越普及，以往简单的二维手机游戏已经不能满足手机游戏爱好者的需求了，他们希望在手机上也能体验三维游戏所带来的视觉震撼，因此手机游戏也开始往三维的方向发展，制作三维的手游图标对于提高玩家兴趣有着重大的意义。

微课：移动端三维游戏产品图标制作

【学习目标】

（1）熟练运用三维建模方法来制作移动端游戏图标；

（2）掌握综合案例的制作能力，完成建模、UVW 贴图、摄影机渲染案例。

5.1 制作移动端三维游戏产品图标

现代社会的不断发展对标志设计提出了更高的要求，三维效果的表现作为图标设计的发展趋势而在不断升级。在这个彰显标志个性化的设计时代，为满足受众在视觉和心理上的需求，图标设计应在其设计中合理运用三维效果的表现，使二者达到和谐、统一。

5.1.1 游戏图标草图设计

图标草图设计制作可以有两种方式：一是利用手绘设计图标，一是通过素材在软件中设计图标。

为了方便制作出参考图片，可以直接在软件中绘制图标草图。只需要打开 Photoshop 软件，按【Ctrl+N】组合键新建一个空白文档，添加一个空白图层，单击左侧工具栏中的【画笔工具】或按快捷键【B】进行绘制，绘制完毕后选择【另存为】一张图片即可，如图 5-1 所示。

第二种方式是使用素材来制作草图，素材需要使用一些比较清晰的图片，通过 Photoshop 进行裁剪和编辑。基本操作步骤如下。

图 5-1　绘制草图

（1）打开 Photoshop CS6，单击【文件】→【新建】命令或按【Ctrl+N】组合键，新建一个空白文档，宽度和高度分别设置为 680 像素和 480 像素，分辨率为 72 像素/英寸，颜色模式为 RGB 模式 8 位图像，背景为白色，如图 5-2 所示。

（2）按【Ctrl+O】组合键打开一张从网上保存下来的素材图片，如图 5-3 所示。

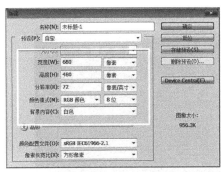

图 5-2　新建文档

图 5-3　素材图片

（3）单击左侧工具栏中的【钢笔工具】或按快捷键【P】，将素材勾选出来，勾选完毕后按【Ctrl+Enter】组合键转换为选区，效果如图 5-4 所示。

（4）组合时要处理好细节部分，比如交接处，要细致一点，让人看起来自然一些，如图 5-5 所示。

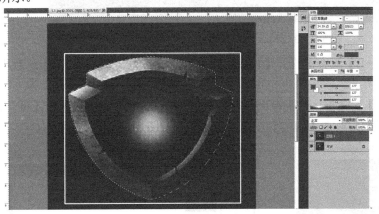

图 5-4　勾选素材

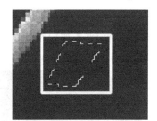

图 5-5　处理细节

（5）处理好细节后按【Shift+Ctrl+S】组合键打开【另存为】窗口，将文档【保存】为图片格式即可，如图 5-6 所示。

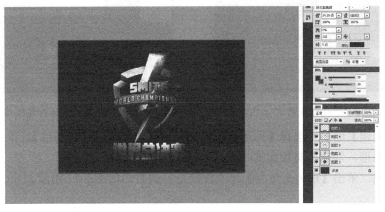

图 5-6　保存为图片格式

5.1.2 游戏立体画图标设计建模

下面就用刚刚完成的草图结合 3ds Max 2016 软件进行三维游戏图标的制作。具体操作步骤如下。

(1) 启动 3ds Max 2016 软件，进入工作界面，如图 5-7 所示。

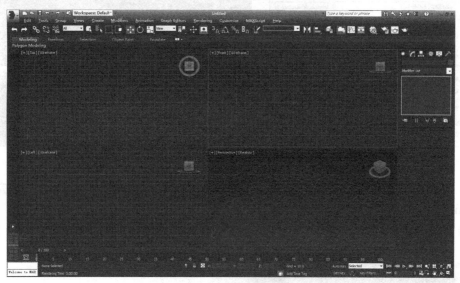

图 5-7　3ds Max 2016 界面

(2) 单击前视图，按【Alt+B】组合键打开【视口配置】对话框，单击【使用文件】选项中的【文件...】按钮，如图 5-8 所示。

(3) 打开【选择背景图像】对话框，选择草图素材，取消勾选【序列】选项，单击【打开】按钮，回到【视口配置】对话框，单击【确定】按钮完成添加背景图片，如图 5-9 所示。

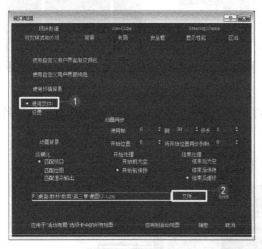

图 5-8　视口配置　　　　　　　　图 5-9　选择背景图像

(4) 在【创建】面板中选择【图形】选项，设置【类型】为【样条线】，单击【线】按钮，按照图片上的图形，勾勒出其轮廓的一半，如图 5-10 所示。

(5) 选中线，单击【Bezier 角点】选项按钮进行调整，如图 5-11 所示。

图 5-10　创建样条线　　　　　图 5-11　Bezier 角点调整

（6）在工具栏中单击【镜像】命令，进入【镜像】对话框，设置【镜像轴】为 X 轴，【偏移】为 0.0，选择【不克隆】，勾选【镜像 IK 限制】选项，单击【确定】按钮。复制出刚刚调整好的线，如图 5-12 所示。

（7）将复制的线移动到与原本的线相对称的地方，然后进入【修改】面板，将两条线【附加】在一起，如图 5-13 所示。

（8）附加后将重合的点进行焊接。选择重合分开的点，在【修改】面板下，单击【焊接】命令，【焊接】参数设置为 5，还可以调节【焊接间距】，焊接后选择上面的点，单击【平滑】选项，如图 5-14 所示。

图 5-12　镜像复制　　　　　图 5-13　附加　　　　　图 5-14　焊接平滑

（9）在【层次】面板下，单击【仅影响轴】→【居中到对象】命令，便可把坐标箭头居中到物体中心，如图 5-15 所示。选择图形，按快捷键【R】打开【缩放】命令，鼠标移至缩放到中间的三角地带，按住【Shift】键拖曳鼠标上下移动便可按比例【复制】图形，复制一个图形后，再复制一个放在一边，如图 5-16 所示。

（10）将原本的图形与缩放复制出的一个图形【附加】起来，在【修改器列表】中选择【挤出】选项，设置挤出【数量】为 10，【分段】为 1，如图 5-17 所示。

（11）单击【转换为可编辑多边形】按钮，选择【多边形】选项。再次单击正面的面，下拉列表，选择【倒角】，设置【倒角】参数，选择【组】选项，【高度】为 5，【轮廓】为-10，如图 5-18 所示，单击对勾按钮即可完成。

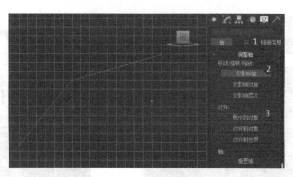

图 5-15 居中到对象

  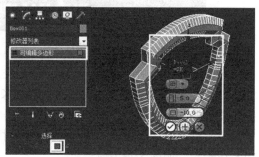

图 5-16 复制图形　　　图 5-17 挤出　　　图 5-18 转换为可编辑多边形

（12）倒角之后将面删除，这时会发现点和线有些许错乱，需要在前视图中进行调整，将点进行【对齐】和【焊接】操作，效果如图 5-19 所示。

（13）将背面的平面删除，在工具栏中选择【镜像】命令，进入【镜像】对话框，设置【镜像轴】为 X 轴，【偏移】为 0.0，选择【复制】命令，勾选【镜像 IK 限制】选项，单击【确定】按钮。【复制】出刚刚调整好的线，如图 5-20 所示。之后选中重合的点选择【编辑顶点】命令→【焊接】命令，完成背面部分，如图 5-21 所示。

 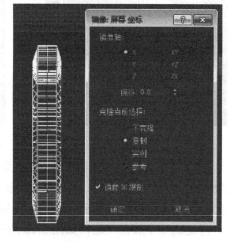

图 5-19 焊接　　　　　　　　　　　　　图 5-20 镜像复制

（14）单击【冻结当前选择】选项，选择刚刚复制多出来的一个图形，选择【挤出】命令，设置挤出【数量】为 20，勾选【封口始端】和【封口末端】选项，并选中【变形】选项。然后将其拉到图标的中心，完成中间部分，之后也将其冻结，如图 5-22 所示。

（15）在【创建】面板中选择【图形】命令，设置【类型】为【样条线】，单击【线】按钮，如图 5-23 所示。勾画出雷电的轮廓，效果如图 5-24 所示。

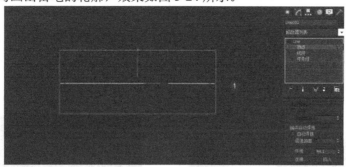

图 5-21　焊接

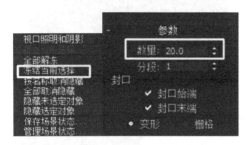

图 5-22　冻结当前选择　　图 5-23　创建样条线　图 5-24　勾画雷电轮廓

（16）选择图形，在【修改器列表】中选择【挤出】命令，设置挤出【数量】为 10，【分段】为 1，勾选【封口始端】和【封口末端】选项，并选中【变形】选项。【输出】选择网格，勾选【生成材质 ID】和【平滑】选项，如图 5-25 所示。将物体转换为可编辑多边形，选择【多边形】选项，选择正面，下拉列表，单击【倒角】按钮，设置【倒角】参数，选择【组】，【高度】为 5，【轮廓】为-6.5，如图 5-26 所示，单击对勾按钮即可完成。

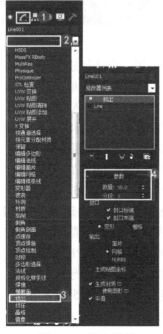

图 5-25　挤出设置　　　　　　　　图 5-26　倒角

(17)和前面一样,倒角后将面删除,这时会发现点和线有些许错乱,需要在前视图中进行调整,将点【对齐】并进行【焊接】操作,如图 5-27 所示。

(18)将雷电冻结,在【创建】面板中选择【图形】命令,设置【类型】为【样条线】,单击【圆环】按钮,在顶视图中拉出一个圆环,设置【半径 1】为 70,【半径 2】为 65,效果如图 5-28 所示。之后在【修改器列表】中选择【挤出】命令,设置挤出【数量】为 15,【分段】为 1,勾选【封口始端】和【封口末端】选项,并选中【变形】选项,【输出】为网格,如图 5-29 所示。

图 5-27 焊接

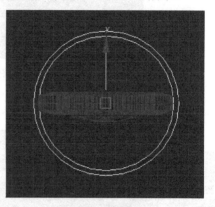

图 5-28 创建圆形

图 5-29 挤出

图 5-30 创建文本

(19)切换到前视图,在【创建】面板中选择【图形】命令,设置【类型】为【样条线】,单击【文本】按钮,通过在下拉列表的文本框中输入"SMITE""WORLD CHAMPIONSHIP"等字样创建文本,设置【大小】为 100,【字间距】为 0,【行间距】为 0,如图 5-30 所示。将创建的字体适当缩放,并且移至相应的位置,在【修改器列表】中选择【挤出】命令,设置挤出【数量】为 15,【分段】为 10,勾选【封口始端】和【封口末端】选项,并选中【变形】选项,【输出】为网格,勾选【生成材质 ID】选项,如图 5-31 所示。

(20)选择"WORLD CHAMPIONSHIP"字样,在【修改器列表】选择【弯曲】命令,设置弯曲【角度】为 115,【方向】为 0,【弯曲轴】选择 X 轴,【上限】和【下限】都限制为 0,如图 5-32 所示。

(21)选择"SMITE"字样,在【修改器列表】中选择【弯曲】命令,设置弯曲【角度】为 35,具体参数如图 5-33 所示。

图 5-31 挤出

图 5-32 弯曲　　　　　图 5-33 弯曲

（22）在左视图中选择圆环、"SMITE"和"WORLD CHAMPIONSHIP"字体，按快捷键【E】，进行旋转，旋转参数设置为【绝对：X 为-11.5，Y 为 0，Z 为 0】、【偏移：X 为 0，Y 为 0，Z 为 0】，如图 5-34 所示。

（23）这样建模部分就完成了，选择前视图，单击【全部解冻】选项，按【Shift+Q】组合键快速渲染，查看效果如图 5-35 所示。

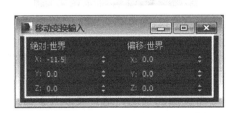 

图 5-34 旋转设置　　　　　图 5-35 快速渲染效果图

5.1.3 游戏图标材质贴图

贴图是建模十分重要的环节，贴图的好坏直接影响到模型的美观程度，贴图分为材质贴图与 UV 贴图。下面就开始给刚刚完成的图标模型进行贴图，基本操作步骤如下。

（1）选择外轮廓部分，单击【修改器列表】→【UVW 展开】命令，如图 5-36 所示。单击【打开 UV 编辑器】按钮，进入【编辑 UVW】窗口，如图 5-37 所示。

图 5-36　UVW 展开

图 5-37　编辑 UVW

（2）在【编辑 UVW】的选项栏中，选择【多边形】命令，然后选择正面的两个面，如图 5-38 所示。

（3）选择选项栏中的【仅显示选定的面】命令，全选正面的多边形，如图 5-39 所示。

（4）单击右边菜单栏里的【炸开】选项，将正面分离出来，如图 5-40 所示。

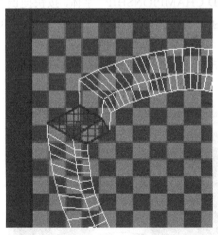

图 5-38　选择面

图 5-39　仅显示选定的面

图 5-40　炸开

（5）为了方便接下来的编辑，先将正面的 UV 缩放，移到外面的地方，之后用同样的方法分离出背面，如图 5-41 所示。其他视图选择侧面的面，如图 5-42 所示。

（6）回到【编辑 UVW】窗口，选择【环 UV】命令将侧面的全选，选择【断开】命令将侧面分离出来，如图 5-43 所示。在顶上的菜单栏选择【贴图】→【展平贴图】命令，即可将侧面的 UV 展开，之后调整其位置方便后期处理，如图 5-44 所示。

（7）剩余的一圈是内部的面，不需要编辑，所以可以移开。然后将刚刚分离好，展平的部分调整到框内，如图 5-45 所示。

图 5-41 UV 缩放

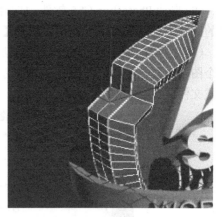

图 5-42 选择侧面的面

图 5-43 断开

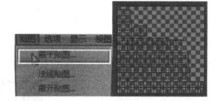

图 5-44 展平贴图

（8）选择【工具】→【渲染 UVW 模板】命令，调整【渲染 UVs 模板】参数，设置【宽度】和【高度】各为 1024，勾选【强制双面】选项，填充【Alpha】为 1，【模式】选择无，勾选【显示重叠】选项，边【Alpha】为 1，勾选【可见边】和【接缝处】选项。之后将其保存为 TARGA 格式的文件，如图 5-46 所示。

图 5-45 调整位置

图 5-46 渲染 UVs 模板

（9）启动 Photoshop CS6 软件，打开保存的 TARGA 格式文件，进入【通道】面板，按住【Ctrl】键的同时单击"Alpha 1"图层，将其【转换为选区】，如图 5-47 所示。

（10）回到【图层】面板，新建图层，并命名为"xian"，选择一个颜色进行填充，再新建一个图层，命名为"tu"，如图 5-48 所示，在"tu"图层进行绘制贴图，绘制完成后保存为 PSD 格式文件。

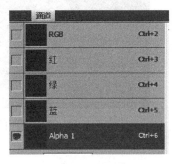
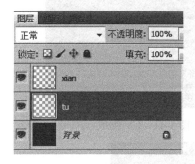

图 5-47　通道面板　　　　　　　　图 5-48　转换为选区

（11）回到 3ds Max 2016 软件，按快捷键【M】打开【材质编辑器】窗口，单击第一个材质球，单击【漫反射】后面的小按钮，选择【位图】命令，选择保存的 PSD 贴图，如图 5-49 所示。

（12）选择外轮廓，单击材质球下方选项栏的【将材质放入场景】选项，就能将材质给予到相应的对象，如图 5-50 所示。

（13）使用同样的方法，对其他的物体也进行贴图，效果如图 5-51 所示。

图 5-50　将材质放入场景

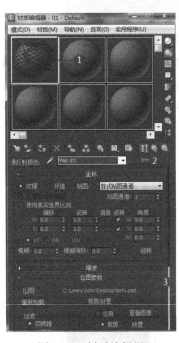

图 5-49　材质编辑器　　　　　　图 5-51　最终效果图　　　　图 5-51 彩图

5.1.4　渲染输出设置

3ds Max 2016 的渲染输出设置非常强大，可以设置模拟现实效果，如对灯光、大气等现实效果进行设置，还可以通过对渲染输出进行设置制作静态的图标效果图，或制作动态的图标运行动画。下面就来了解一下如何进行设置。

（1）按快捷键【F10】打开【渲染设置】窗口，如图 5-52 所示。

（2）在【输出大小】下拉列表框选择【自定义】输出图片或音频的像素，设置【宽度】为 640，【高度】为 480，【图像纵横比】为 1.333，【光圈宽度】为 36，【像素纵横比】为 1.0，如图 5-53 所示。

（3）查看可以设置渲染的视图，除了本身的 4 个视图，还可以选择摄影机的视图，如图 5-54 所示。

图 5-53　输出大小

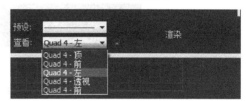

图 5-54　视图查看

图 5-52　渲染设置

（4）单帧输出，就是输出当前的一帧，渲染出来就是静态的效果图，如图 5-55 所示。

（5）活动时间是设置渲染帧数，在此之前需要在顶视图架设一台摄影机，如图 5-56 所示。

图 5-55　时间输出

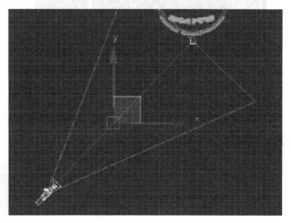

图 5-56　创建摄影机

（6）之后在下面【时间模块】的右下方，单击【自动关键点】选项，打开【自动设置关键帧】，如图 5-57 所示。

（7）在第 0 帧的地方单击设置关键帧，将时间轴拖到 20 帧移动摄影机，如图 5-58 所示。时间模块也会自动设置好关键帧，如图 5-59 所示。

图 5-57　自动关键点

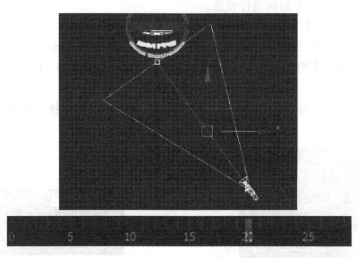

图 5-58 设置关键帧

图 5-59 时间模块

(8)打开【渲染设置】窗口,设置【范围】为 0～20,如图 5-60 所示。鼠标下拉,在【渲染输出】栏,单击【文件】按钮,如图 5-61 所示。

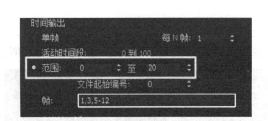

图 5-60 渲染设置

图 5-61 渲染输出

(9)命名文件,设置格式为 AVI 音频格式,单击【保存】按钮,如图 5-62 所示。

(10)进入【AVI 文件压缩设置】对话框,【压缩器】选择【MJPEG Compressor】,单击【确定】按钮,回到【渲染设置】窗口,选择【渲染】命令即可,如图 5-63 所示。

图 5-62 保存格式

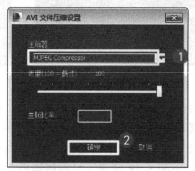

图 5-63 压缩设置

5.2 制作移动端三维游戏界面

移动客户端就是可以在手机等终端运行的软件，也是 4G/5G 产业中一个重要发展的项目，具有重要的意义。游戏界面设计作为一款游戏给玩家的第一印象，有着不可取代的重要作用，它是玩家与游戏之间沟通的桥梁，是游戏内核与玩家进行交流的载体，是游戏能否留住玩家不可或缺的重要元素，交互时代认为它会直接影响到玩家的视觉审美及情感的判断。立体感的游戏界面更能够让玩家带来视觉享受，下面案例将讲述移动端三维台球游戏界面的制作。

5.2.1 游戏界面设计

在进行建模之前，首先需要进行草图的绘画，绘画场景图需要掌握透视关系及空间关系。先打开 Photoshop CS6 进行绘制草图。

（1）打开 Photoshop CS6 软件，单击【文件】→【新建】命令，或按【Ctrl+N】组合键，新建一个空白文档，【宽度】和【高度】分别设置为 680 像素和 480 像素，【分辨率】为 100 像素/英寸，【颜色模式】为 RGB 模式 8 位图像，【背景】为白色，如图 5-64 所示。

（2）按【Ctrl+N】组合键创建一个新图层，单击左侧工具栏中的【画笔工具】进行绘制，绘制完毕后选择【另存为】命令保存图片即可，如图 5-65 所示。

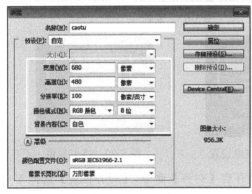
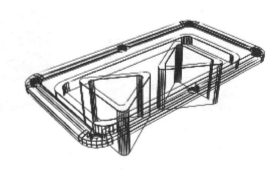

图 5-64　新建空白文档　　　　　　　　图 5-65　画笔绘制

绘制游戏场景，需要将场景全部绘制出来，因为本案例是做一个三维台球游戏的界面，所以要将台球绘制出来，当然也可以在此基础上将设计的界面图标、菜单栏等在草图上表现出来。

5.2.2 三维台球游戏界面模型制作实例

3ds Max 2016 软件是 Autodesk 公司最新发布的三维模型制作软件，在应用范围方面，广泛应用于广告、影视、工业设计、建筑设计、三维动画、多媒体制作、游戏、辅助教学及工程可视化等领域，界面的设计还需要使用到平面软件，Photoshop 能很好地帮助完成平面上的设计。下面使用 3ds Max 2016 和 Photoshop CS6 进行三维游戏界面模型的制作。

（1）打开 3ds Max 2016 软件，进入工作界面，选择顶视图，在【创建】面板中选择【图形】命令，设置【类型】为【样条线】，单击【矩形】命令，用鼠标拉出一个矩形，设置参数【长度】为 385，【宽度】为 206，【角半径】为 30，居中到视图，如图 5-66 所示。

（2）复制刚刚拉出的矩形，如图 5-67 所示。

（3）同样方法再拉出一个矩形，设置参数【长度】为 356，【宽度】为 178，【角半径】为 20，如图 5-68 所示，居中到视图。

（4）将一大一小两个矩形附加起来，然后在【修改器列表】中选择【挤出】命令，设置参数【数量】为 6,【分段】为 1,勾选【封口始端】和【封口末端】选项,并选中【变形】选项。如图 5-69 所示,这样得到了一个桌球台的台檐。

(5)选择开始复制出的矩形,在【修改器列表】中选择【挤出】命令,设置参数【数量】为 5,【分段】为 1,勾选【封口始端】和【封口末端】选项,并选中【变形】选项,如图 5-70 所示。

图 5-66 创建矩形

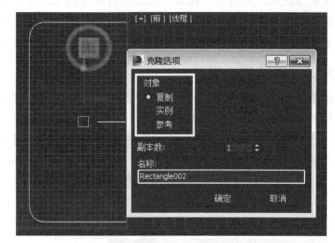
图 5-67 复制

图 5-68 创建矩形

图 5-69 挤出设置

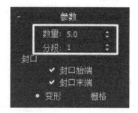
图 5-70 挤出设置

(6)选中刚刚挤出的矩形,按【Alt+A】组合键开启【对齐】命令,【对齐位置】选择 Y 位置,【当前对象】最大,【目标对象】最小。选择台檐,将两个物体对齐,如图 5-71 所示。

(7)选中台檐,按【R】键开启【缩放】命令,缩放【复制】一个台檐,大小适宜便可,如图 5-72 所示。

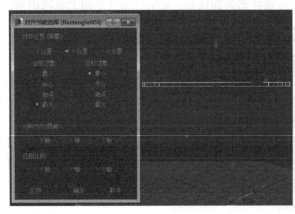
图 5-71 设置对齐

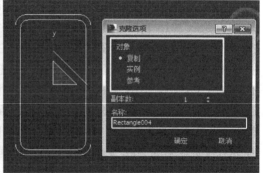
图 5-72 复制

(8)选择缩放的台檐,在【修改器列表】中选择【挤出】命令,设置挤出【数量】为 20,【分段】为 1,勾选【封口始端】和【封口末端】选项,并选中【变形】选项,如图 5-73 所示。

(9)按【Alt+A】组合键开启【对齐】命令,选择矩形,将两个物体对齐,【对齐位置】选择 Y 位置,【当前对象】最大,【目标对象】最小,如图 5-74 所示。

图 5-73 设置挤出

图 5-74 设置对齐

(10)将一开始做好的台檐和下面的矩形附加起来,如图 5-75 所示。

(11)选择顶视图,在【创建】面板中选择【图形】,设置【类型】为【样条线】,单击【多边形】按钮,用鼠标拉出一个多边形,设置参数【半径】为 73,选择【内接】单选框,【边数】为 3,【角半径】为 8,如图 5-76 所示。

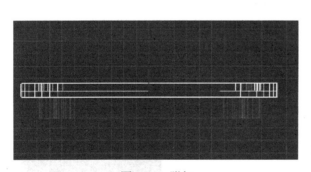
图 5-75 附加

图 5-76 创建多边形

(12)复制缩放多边形,并将两个多边形附加,如图 5-77 所示。

(13)选择附加好的多边形,在【修改器列表】中选择【挤出】命令,设置挤出【数量】为 114,【分段】为 1,勾选【封口始端】和【封口末端】选项,并选中【变形】选项,如图 5-78 所示。

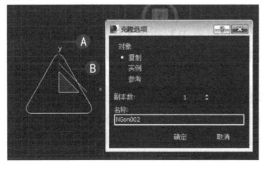
图 5-77 复制

图 5-78 设置挤出

(14）将多边形移动到 X 轴中心，按【Alt+A】组合键开启【对齐】命令，选择台面，将两个物体对齐，【对齐位置】选择 Y 位置，【当前对象】最大，【目标对象】最小，如图 5-79 所示。

(15）回到顶视图，通过【镜像】复制，复制一个多边形，并移到相应的地方，【镜像轴】为 Y，【偏移】为 0.0，【克隆当前选择】为复制，勾选【镜像 IK 限制】选项，如图 5-80 所示。

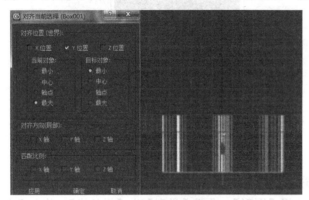

图 5-79　设置对齐　　　　　　　　图 5-80　设置镜像

(16）选择顶视图，在【创建】面板中选择【图形】，设置【类型】为【样条线】，单击【圆】按钮，用鼠标拉出一个圆，设置参数【半径】为 8，如图 5-81 所示。然后在【修改器列表】中选择【挤出】命令，设置挤出【数量】为 20，【分段】为 1，勾选【封口始端】和【封口末端】选项，并选中【变形】选项，如图 5-82 所示。

(17）将创建好的圆柱形复制 5 个，移动到相应的位置，用来制作球袋口，如图 5-83 所示。

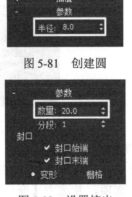

图 5-81　创建圆

图 5-82　设置挤出

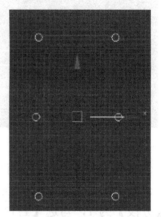

图 5-83　复制圆柱

(18）将 6 个圆柱形附加起来，在【创建】面板中选择【几何体】选项，设置【对象类型】为【复合对象】，单击【布尔】按钮，【拾取操作对象 B】选择【移动】单选框，单击球台，回到【修改】面板下拉菜单，在【操作】中选择【差集 B-A】选项，效果如图 5-84 所示。

(19）选择顶视图，在【创建】面板中选择【图形】选项，设置【类型】为【样条线】，单击【线】按钮，如图 5-85 所示。用鼠标拉出如图 5-86 所示的图形。

(20）调整后，在【修改器列表】中选择【挤出】命令，设置挤出【数量】为 6，【分段】为 1，勾选【封口始端】和【封口末端】选项，并选中【变形】选项，如图 5-87 所示。

  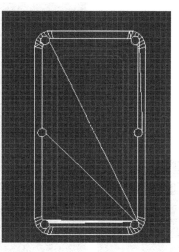

图 5-84　设置布尔

 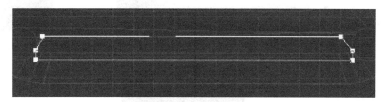

图 5-85　创建样条线　　　　　　图 5-86　样条线

（21）将拉好的线转换为可编辑多边形，单击【顶点】按钮，选择左视图，调整至如图 5-88 所示的形状。

（22）选择【边】按钮，选中一侧的线，回到【修改】面板下拉菜单，单击【切角】按钮后的小框，进行切角设置，设置【切角量】为 2，【段数】为 6，如图 5-89 所示。切角完成后将物体移动到球台的内部，作为内檐。

（23）继续回到顶视图，在【创建】面板中选择【几何体】命令，单击【球】按钮，创建一个球体，设置参数【半径】为 2.625，【分段】为 32，勾选【平滑】选项，【半球】为 0.0，选中【切除】选项，如图 5-90 所示。通过视图将球体移动到球台的台面，然后按快捷键【W】开启【移动】命令，按【Shift】键移动复制多个球作为台球。

（24）选择前视图，在【创建】面板中选择【几何体】命令，单击【圆柱体】按钮，用鼠标拉出一个圆柱体，设置参数【半径】为 0.6，【高度】为 130，【高度分段】为 1，【端面分段】为 1，【边数】为 18，勾选【平滑】选项，如图 5-91 所示。

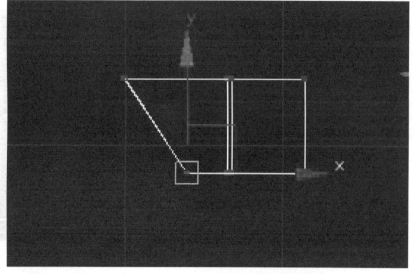

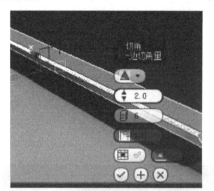

图 5-87 设置挤出　　　　　　　　　图 5-88 转换为可编辑多边形

图 5-89 设置切角　　　　　　　　　图 5-90 创建球

图 5-91 创建圆柱体

（25）选中圆柱体，单击【转换为可编辑多边形】按钮，选择【点】命令，将圆柱体的一端缩小，这样球杆也就完成了，如图 5-92 所示。至此，完成了场景的基本建模，参考效果如图 5-93 所示。

第 5 章 移动端三维游戏图标和界面设计

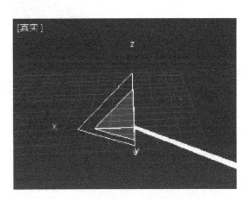
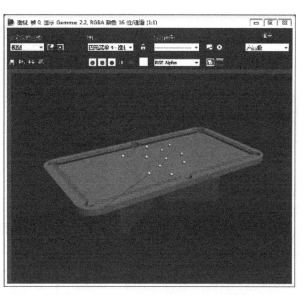

图 5-92 转换为可编辑多边形　　　　　　图 5-93 基本建模完成图

5.2.3 三维台球游戏界面材质贴图实例

下面同样需要对三维台球游戏界面进行贴图，贴图的方法主要是以 UV 贴图为主。当然，在制作像台球这样会有一定光泽、反光的物体时，需要对其贴图的具体参数进行调整，以达到更好的效果。基本操作步骤如下。

（1）选择球台，然后进入【修改】面板，选择【修改器列表】→【UVW 展开】命令，选择【面】，单击中间的台面，回到【修改】面板，单击下拉菜单中的【打开 UV 编辑器】进入【编辑 UVW】界面，如图 5-94 所示。

（2）选择【断开】选项，将 UV 分解出来，如图 5-95 所示。

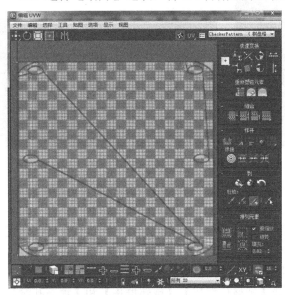

图 5-94 编辑 UVW　　　　　　　　　　图 5-95 断开

（3）断开后按快捷键【W】，将分解出来的 UV 移动开，并且调整大小，如图 5-96 所示。

（4）继续单击棋盘格子中的 UV，选中球台底面的 UV，如图 5-97 所示。

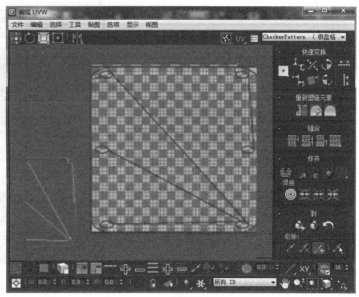

图 5-96　移动 UV　　　　　　　图 5-97　选中球台底面的 UV

（5）同样也是移动开，调整大小，如图 5-98 所示。

（6）在其他视图中选中球台顶上的所有面，如图 5-99 所示。

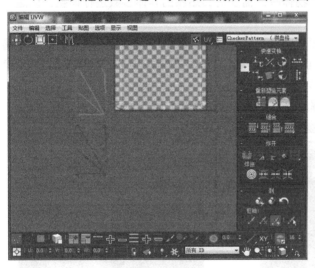
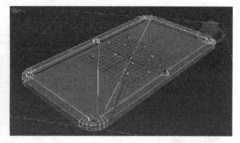

图 5-98　调整大小　　　　　　　图 5-99　选中球台顶上的所有面

（7）回到【编辑 UVW】界面，选择【断开】选项后将其移动，并且调整大小，如图 5-100 所示。

（8）在其他视图中选中球台侧面的两个面，回到【编辑 UV】界面，单击【环 UV】，便可选中侧面的所有面，如图 5-101 所示。

（9）在菜单栏单击【贴图】→【展平贴图】命令，进入【展平贴图】窗口，设置参数【多边形角度阈值】为 45，【间距】为 0.02，勾选【规格化群集】、【旋转群集】和【填充孔洞】选项，然后单击【确定】按钮，如图 5-102 所示。

（10）将展平出来的贴图进行缩放调整，如图 5-103 所示。

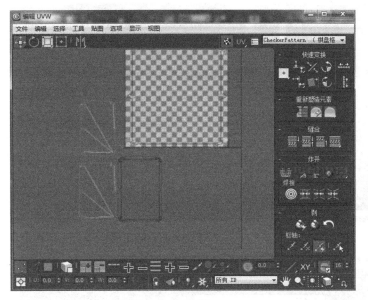
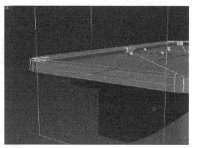

图 5-100 编辑 UVW　　　　　　　　　　图 5-101 选中侧面的所有面

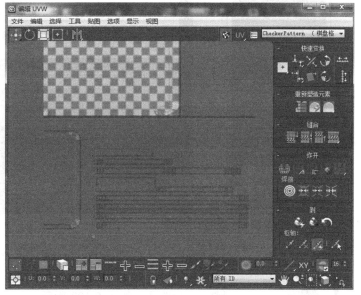

图 5-102 展平贴图　　　　　　　　　　图 5-103 缩放调整

（11）最后剩下球台内侧的贴图，同样也是用展平贴图的方法，将贴图展开，如图 5-104 所示。

（12）最后将展开的贴图调整，移动到棋盘格子内部，如图 5-105 所示。

（13）单击【工具】→【渲染 UVW 模板】命令，调整【渲染 UV 模板】参数，设置【宽度】和【高度】各为 1024，勾选【强制双面】选项，填充【Alpha】为 1，【模式】选择无，勾选【显示重叠】选项，边【Alpha】为 1，勾选【可见边】和【接缝处】选项。之后单击【渲染 UV 模板】按钮，将其保存为 Targa 格式的文件，如图 5-106 所示。

（14）将模板保存为 Targa 格式，如图 5-107 所示。

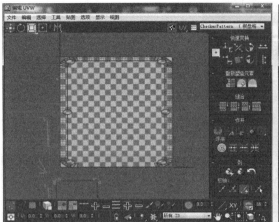
图 5-104 展平贴图

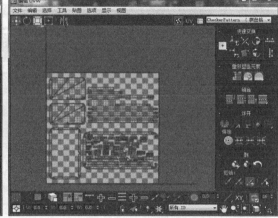
图 5-105 贴图调整

图 5-106 渲染 UV 模板

图 5-107 保存为 Targa 格式

（15）使用 Photoshop CS6 软件打开保存的模板，进入【通道】面板，按住【Ctrl】键的同时，单击"Alpha 1"图层，将其转换为选区，如图 5-108 所示。

（16）单击【新建图层】按钮，选择一个颜色，按【Alt+Del】组合键填充颜色，完成线框填充，效果如图 5-109 所示。

（17）将线框图层命名，便可以新建图层进行绘制贴图了，由于场景贴图需要绘制的较多，新建图层时最好命名。绘制结束后将文件保存为 Targa 格式或者 PSD 格式，如图 5-110 所示。

（18）回到 3ds Max 2016 软件，按快捷键【M】打开【材质编辑器】窗口，单击第一个材质球，再次单击【基本具体参数】中【漫反射】后面的小框，进入【材质/贴图浏览器】窗口，选择【贴图】命令，如图 5-111 所示，选择保存好的贴图。

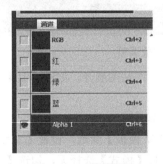
图 5-108 通道面板

图 5-109　线框填充

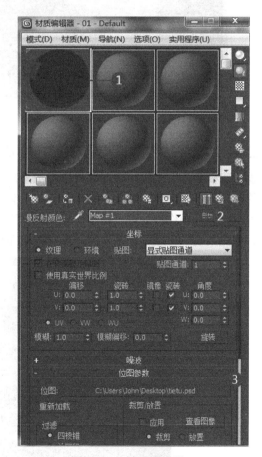

图 5-110　新建图层　　　　图 5-111　材质编辑器

（19）用同样的方法完成其他部分的贴图，需要注意的是，根据桌球的设定，要有一个球是白色的，而球有一些光泽，可以将【基本具体参数】下【反射高光】中的【高光级别】设置为80，【光泽度】为60，【柔化】为0.1，如图5-112所示。参考效果如图5-113所示。

图 5-112 设置反射高光

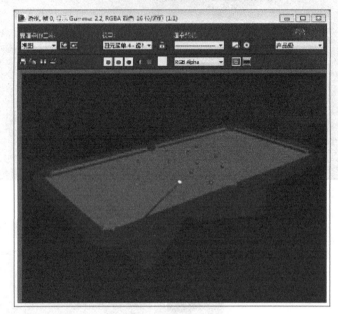

图 5-113 最终效果图 图 5-113 彩图

5.2.4 三维台球游戏界面设计材质渲染实例

完成了建模部分的工作,现在要将模型渲染出来,然后使用平面软件也就是 Photoshop 进行界面的设计。界面设计需要根据游戏种类进行设计,如竞赛类的需要有名次、分数,角色类的要有人物头像、操作键位等。基本操作步骤如下。

(1) 首先架设一台摄影机,设置与球杆同一角度,如图 5-114 所示。

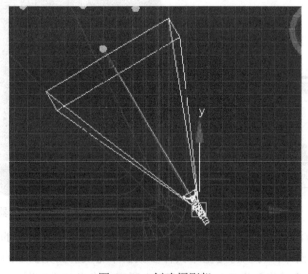

图 5-114 创建摄影机

（2）按快捷键【C】将透视图【切换】为摄影机视图，调整摄影机高度与角度，参考效果如图 5-115 所示。

图 5-115　调整摄影机高度与角度

（3）按快捷键【F10】打开【渲染设置】窗口，将【输出大小】设置为 1280×960，【图像纵横比】为 1.333，【像素纵横比】为 1.0。渲染后保存为 Targa 格式，如图 5-116 所示。

图 5-116　设置输出大小

（4）用 Photoshop CS6 打开保存的 Targa 文件，打开后复制多一层，如图 5-117 所示。

图 5-117　复制图层

（5）选中黑色部分将其删除，加入选好的背景做好调整，如图 5-118 所示。

（6）按【Ctrl+R】组合键打开【标尺工具】，用标尺将界面布局设置好后就可以开始设计了，如图 5-119 所示。完成效果图，如图 5-120 所示。

图 5-118　添加背景

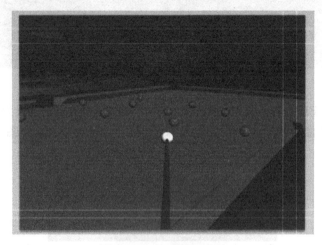

图 5-119　打开标尺工具

图 5-120　完成效果图

图 5-120　彩图

本章小结

　　本章主要对三维游戏动画中的游戏图标制作和三维立体界面设计制作进行了全面的讲解，结合样条线建模、多边形建模、材质贴图和 UVW 展开，以及摄影机创建进行讲解，让读者能够运用多种造型方式，来创建需要表现的物体场景。

拓展任务

请根据学习内容，完成制作如图 5-121 和图 5-122 所示的三维游戏场景，并自行为场景设计界面。

图 5-121 《地铁跑酷》项目　　　　　图 5-121 彩图

图 5-122 《QQ 超市》项目　　　　　图 5-122 彩图

第 6 章 灯光和摄影机设置

在三维游戏动画中，灯光主要是通过色彩来体现的，通过设定三维游戏动画软件灯光模块下的灯光类型和参数可以实现各种真实世界光影效果的逼真模拟，从而大大增强三维游戏动画视听效果。目前三维游戏动画发展非常迅速，与二维游戏动画形成分庭抗礼之势，也是得益于三维游戏动画极具震撼的视听效果。

灯光的作用不仅仅是将物体照亮，还可以通过灯光效果向观众传达更多的信息。也就是说可以通过灯光这一要素来决定场景的基调、感觉或烘托场景气氛。要达到场景最终的真实效果，必须建立许多不同的灯光来实现，因为在现实世界中光源是多方面的，如阳光、烛光、荧光灯等，在这些不同光源的影响下所观察到的事物效果也会不同。

在 3ds Max 中灯光一般分为标准灯光与光度学灯光两大类，其中标准灯光是基于计算机的模拟灯光对象，如阳光的光照、灯泡的照明等，光度学灯光是一种用于模拟真实灯光并可以精确地控制亮度的灯光类型。通过选择不同的灯光颜色，可以模拟出逼真的照明效果。

灯光对于三维游戏动画设计是不可或缺的，有光才有世界，光存在于人们生活中的各个角落，光的存在让人们感觉到了温暖，在三维软件中灯光设置像现实生活中那样简单，本章将系统讲解 3ds Max 2016 中的灯光应用技巧。

【学习目标】
（1）了解灯光类型和使用方法；
（2）了解摄像机的参数设置；
（3）熟悉各种类型灯光的参数；
（4）掌握各种打灯方法；
（5）掌握摄像机使用方法。

6.1 灯光种类、形态和参数

在三维游戏设计中，灯光是不可或缺的重要环节，它不仅影响游戏人物形象的塑造，而且对于游戏的视觉效果、玩家的心理感受都会产生巨大的影响。如何巧妙应用灯光是三维游戏设计成功的非常关键的因素之一。

6.1.1 3ds Max 2016 灯光种类和形态

3ds Max 提供了以下 8 种灯光。

（1）**目标聚光灯**：它的形态呈圆锥形，常用来模拟汽车车灯、灯光等光源。它以指定的方向和设定的光照范围来进行照明，在光照系统中使用频率很高。

（2）**自由聚光灯**：同目标聚光灯功能一样，只是视线不定位在目标点上，而是沿着一个固定方向来照明。

（3）**目标平行光**：它的形态呈圆柱形，常用来模拟激光束、红外线等光源。同目标聚光灯一样可以以指定方向和设定照射范围来进行照明。

（4）**平行光**：平行光和目标平行光功能相同，只是不具有定位用的目标光。

（5）**泛光灯**：它的原理同太阳光一样，向四周照射，常用来模拟太阳、日光灯等光源物体。

（6）**天光**：天光和光线追踪器一起配合使用来模拟真实的日光。

（7）**mr 区域泛光灯**：配合 mental ray 渲染器产生真实的光照效果。

（8）**mr 区域聚光灯**：配合 mental ray 渲染器产生真实的光照效果。

3ds Max 虽然提供了 8 种类型的灯光，但其形态却大致相同，如图 6-1 所示。

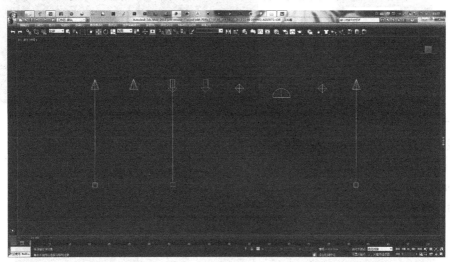

图 6-1　8 种类型灯光的形态

6.1.2　灯光参数

尽管 3ds Max 提供了众多的灯光，但其参数选项却基本相同，下面以目标聚光灯为例来学习灯光的参数选项。

1．常规参数面板

常规参数面板如图 6-2 所示。

启用：打开或关闭灯光。

类型：可以通过此选项来改变灯光的类型。

目标：打开此开关可显示自由灯光目标点。

阴影：灯光对物体照射产生阴影。

启用：打开或者关闭阴影。

使用全局设置：勾选此选项，阴影将用全局参数来控制。

排除：单击此按钮可设置场景中的物体是否被当前灯光所照射。

如图 6-3 所示分别为无阴影、有阴影及排除的效果。

2．强度/颜色/衰减卷展栏参数面板

强度/颜色/衰减参数面板如图 6-4 所示。

倍增：设置灯光光强。正值灯光光度增加，负值灯光光度被吸收。

图 6-2 常规参数面板

图 6-3 无阴影、有阴影及排除效果图

颜色：此值可以改变灯光的颜色，如图 6-5 所示。

图 6-4 强度/颜色/衰减参数面板

图 6-5 改颜色值的效果图

衰减：设置灯光光源的衰减效果。

Inverse：用数学方法反向衰减。

Inverse Squar：反平方比衰减。

开始：起始衰减的距离。

近距衰减：效果如图 6-6 所示。

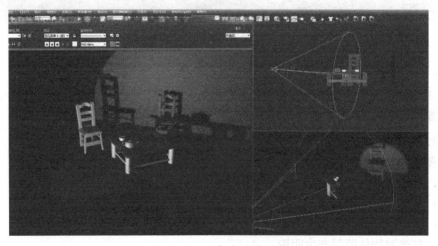

图 6-6 近距离衰减效果图

使用：此开关决定是否进行近距离衰减。

显示：此开关在视窗中显示衰减的范围框。

开始：光源的起始位置。

结束：光源到达的最大位置。

远距衰减：效果如图 6-7 所示。

使用：此开关决定是否进行远距离衰减。

显示：此开关在视窗中显示衰减的范围框。

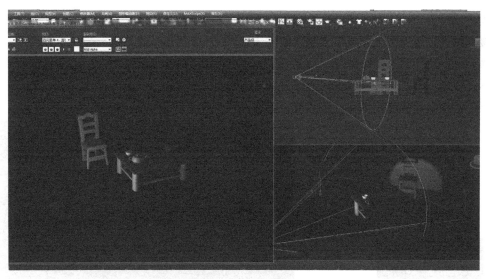

图 6-7　远距离衰减效果图

开始：开始衰减的位置。

结束：衰减为零的位置。

3．聚光灯参数面板

聚光灯参数面板如图 6-8 所示。

显示光锥：在视窗中总是显示灯光的照射范围框。

泛光化：可以聚光灯照射到泛光区以外的范围，能够像 Omni 那样进行整体照射。

聚光区：设置聚光范围。

衰减区：设置衰减范围，如图 6-8 所示分别为衰减区小与衰减区大。

图 6-8　聚光灯参数面板

圆/矩形：设置灯光照射的范围形状为圆锥还是矩形，效果如图 6-9 所示。

图 6-9　圆锥、矩形形状效果图

纵横比：如果照射范围为矩形，则此选项可调节矩形的长度比。

位图适配：照射范围矩形的长度可用位图来决定。

4．高级效果参数面板

高级效果参数面板如图 6-10 所示。

对比度：控制灯光光照的对比度。

柔化漫反射边：调节光照对比度边缘的柔和度。
漫反射：勾选此项，灯光照射整个物体表面。
高光反射：勾选此项，灯光只对物体高光部分起作用。
仅环境光：勾选此项，灯光只对物体阴影部分起作用。
投影贴图：可以将静态或动态的图像投射到灯光照射范围，效果如图 6-11 所示。

图 6-10　高级效果参数面板　　　　　　图 6-11　投影贴图效果图

5. 阴影参数面板

阴影参数面板如图 6-12 所示。
颜色：设置阴影颜色，效果如图 6-13 所示。
密度：设置阴影亮度。
贴图：为阴影赋予某种贴图，效果如图 6-14 所示。
灯光影响阴影颜色：勾选此选项，灯光将影响阴影。
大气阴影：此选项控制灯光对大气（雾、火等）是否产生阴影及阴影的不透明度设置等。

图 6-12　阴影参数面板

图 6-13　设置阴影颜色效果图　　　　图 6-14　为阴影赋予贴图的效果图

6. 阴影贴图参数面板

阴影贴图参数面板如图 6-15 所示。
偏移：对阴影的距离进行调节。当阴影与物体脱落时，可通过此值进行校正，效果如图 6-16 所示。
大小：阴影采样大小。当场景较复杂时，通过此值可使阴影边缘清晰。

图 6-15 阴影贴图参数面板　　　　图 6-16 偏移效果图

采样范围：对阴影的边界进行柔和处理。

绝对贴图偏移：如果未打开此开关，则阴影随着偏移值改变。反之，阴影不随偏移值改变。

7．大气和效果参数面板

大气和效果参数面板如图 6-17 所示。

此窗口用来添加与灯光有关的效果。可以添加两种特效：【体积光】和【镜头效果】。

体积光：用来模拟光束、屋中烟雾弥漫的效果等。单击【添加】按钮，可加入体积光效果。确定后选择添加后的体积光，单击【设置】按钮，弹出【环境和效果】窗口，可以对体积光设置参数，如图 6-18 所示。

图 6-17 大气和效果参数面板

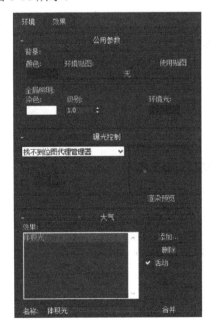 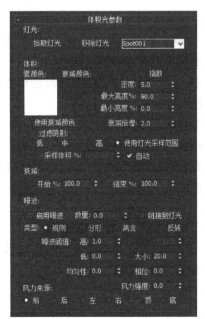

图 6-18 设置体积光参数

下面解释其中关键性的选择。

拾取灯光：拾取一盏灯作为体积光效果的发射器。

雾颜色：通过此值可设置体积光的颜色。另外，灯光的颜色与雾颜色相互影响，效果如图 6-19 所示。

图 6-19 雾颜色效果图

衰减颜色：此选项可设置最初照射的灯光颜色和最后消失的灯光颜色不相同。此效果需要勾选使用衰减色选项。

指数：随距离增加，浓度呈指数增长，如图 6-20 所示。

（a）原始场景

（b）增加浓度效果图

图 6-20 浓度

密度：设置体积光雾的浓度。

最大亮度/最小亮度：设置体积光能达到最大亮度值和最小亮度值。

衰减倍增：设置衰减的效果。

过滤阴影：此选项决定体积光的渲染精度。

低：低精度。

中：中等精度。

高：高精度。

使用灯光采样范围：应用灯光自身的采样精度来渲染。

衰减：设置衰减距离。

开始：定义灯光开始衰减的地方。

结束：定义灯光终止衰减的地方。

噪波：为体积光增加噪波效果，可由数量值设置其强度，如图 6-21 所示。

类型：设置噪波类型。

Regular：规则。

Fractal：分形。

Turbulence：湍流。

级别：设置噪波的精度。

大小：设置噪波微粒大小。

相位：设置噪波运动速度。

风力强度：设置风力的强度，方向可由前、后、左、右、顶和底来决定。

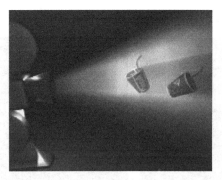 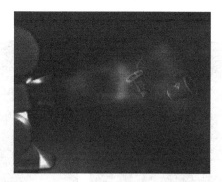

(a) 原始场景　　　　　　　　　　　(b) 添加噪波效果图

图 6-21　噪波

6.2 光的基本特性

光是一种电磁波。电磁波是能量在周期性变化的过程中从空间传播出去所形成的。人们看不见无处不在的光线，但是光线以一定的波长传播出去，所有的图像都是通过光进入人的眼睛的，而照片是以光为手段创作的，因此光的表现方法直接塑造了照片的氛围。

1．光强

光的强度由到光源距离的关系决定，强度越大照射物体的明暗度越亮，强度越小照射物体的明暗度越暗。

2．方向

根据光源与物体的部位关系，光源位置可分为以下 4 种基本类型。

（1）正面光。业余摄影者所说的"摄影者背对太阳"拍摄便是这种光照类型，正面光可以产生一个没有影子的影像，所得到的结果是一张缺乏影调层次的影像。由于深度和外形是靠光和影的相同排列来表现的，因此正面光往往产生平板的二维感觉，通常也称为平光。

（2）45 度侧面光。这种光产生很好的光影间排列，不存在谁压倒谁的问题，形态中有丰富的影调，突出深度，产生一种立体效果。

（3）90 度侧面光。这是戏剧性的照明，突出明暗的强烈对比，影子修长而具有表现力，边面结构十分明显，这种照明有时被称做"质感照明"。

（4）逆光。当光线从被摄对象身后射来，正对着相机时，就会产生逆光。采用逆光，在明亮的背景前会呈现被摄对象暗色的剪影，这种高反差影像既简单又有表现力。

3．颜色

照明包括自然光照明和人工光照明。

（1）自然光照明。户外的光源只有一个——太阳，阳光是各种光线的来源。为了模拟太阳光，所以有了 GI。

（2）人工光照明。如何布置摄影室灯光？

① 放置主光。这是关键光，把它放在哪里呢？这主要取决于寻求什么效果，但通常是把灯放在与被摄对象成 45 度角的位置，通常比相机要高，如图 6-22 所示。

② 添加辅光。主光投射出深暗的影子，辅光给影子添加一些光线，因而使影子细节部分也得以表现，不能让它等于或超过主光，不造成两个互不相容的影子——高光影像，因此辅光的强度必须较小，如图 6-23 所示。

③ 主光和辅光连用就会出现以下情况：主题突出了，如图 6-24 所示。

图 6-22　放置主光位置

图 6-23　添加辅光

图 6-24　主光和辅光连用

④ 辅光必须比主光弱，使主光所产生的因子不会被辅光抵消（可以用降低灯光的强度来实现），做到最后一步，还能加一个灯，在拍摄对象后边放置一盏灯，目的就是把对象从背景中分离出来，如图 6-25 所示。

⑤ 最后把刚才所说的灯光结合起来使用，效果如图 6-26 所示。灯光的放置方式，如图 6-27 所示。

图 6-25　放置一盏灯

图 6-26　结合灯光

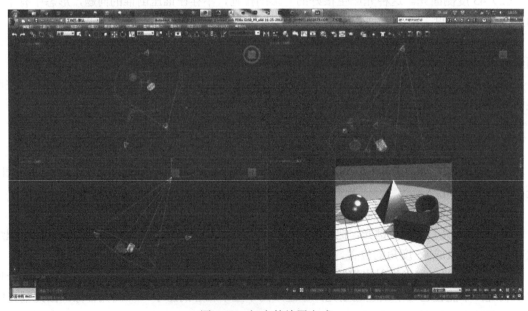
图 6-27　灯光的放置方式

6.3 闪耀的 3D 灯光效果实例

微课：3D 灯光效果

（1）单击【创建】→【灯光】→【标准】→【泛光灯】按钮，如图 6-28 所示。

（2）在透视图中，单击画面，就会出现如图 6-29 所示的效果。

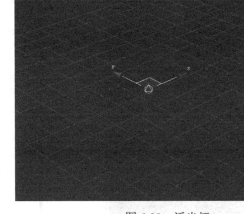

图 6-28　创建泛光灯　　　　　　　图 6-29　泛光灯

（3）单击【修改】→【大气和效果】→【添加】→【镜头效果（光学特效）】按钮，如图 6-30 所示。单击【确定】按钮。

（4）单击【镜头效果】→【设置】按钮，如图 6-31 所示。

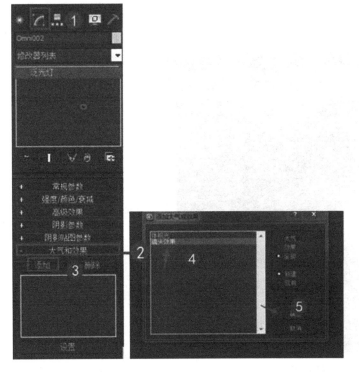

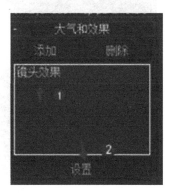

图 6-30　镜头效果　　　　　　　　图 6-31　设置镜头效果

(5)在【环境和效果】窗口下,设置参数,【效果】选择【镜头效果】,并且添加【Glow(光晕)】、【Ray(射线)】、【Star(星星)】,如图 6-32 所示。

(6)打开【渲染】窗口,按【Shift+Q】组合键选择【渲染】命令,如图 6-33 所示。

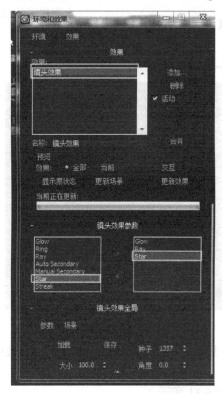

图 6-32 镜头效果参数

图 6-33 渲染窗口

(7)渲染完毕,效果如图 6-34 所示。

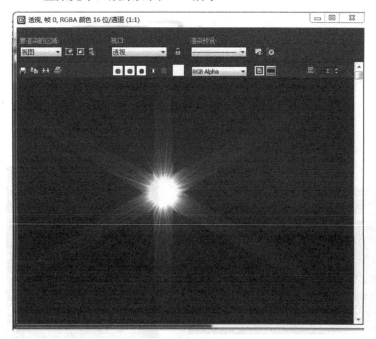

图 6-34 渲染完毕

图 6-34 彩图

6.4 光线跟踪实例

(1) 单击【创建面板】→【图形】→【文本】命令，并且在文本栏中输入 "MAX"，如图 6-35 所示。

微课：光线跟踪

图 6-35　创建文本

(2) 在透视图中单击，即可出现文字。再选择文字，在【修改器列表】中选择【挤出】效果，设置挤出【数量】为 30，【分段】为 1，勾选【封口始端】和【封口末端】选项，并选中【变形】选项，【输出】为网格，勾选【生成材质 ID】和【平滑】选项，如图 6-36 所示。

图 6-36　设置挤出

(3) 单击文字，选择【转换为】→【转换为可编辑多边形】命令，如图 6-37 所示。

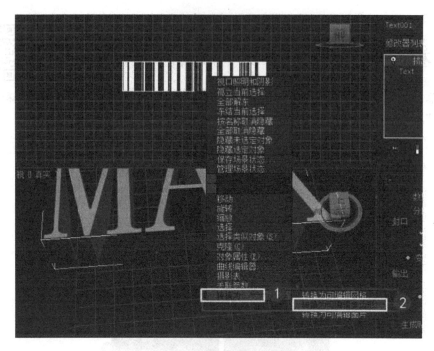

图 6-37　转换为可编辑多边形

（4）接着选择【元素】命令，单击其中一个字母，选择【分离】命令，再用同样方法把另外两个字母都分离开来，并且改变颜色，如图 6-38 所示。

图 6-38　分离字母

图 6-38 彩图

（5）单击【灯光】→【标准】→【天光】命令，在透视图中的文字上方单击一下，如图 6-39 所示。

（6）按快捷键【F10】打开【渲染设置】面板，在【公用栏】选项卡下选择【指定渲染器】选项，产品级选择【默认扫描线渲染器】选项，如图 6-40 所示。

（7）在【高级照明】选项卡中设定参数，单击【选择高级照明】下的【光跟踪器】选项，设置参数【全局倍增】为1，【对象倍增】为3，勾选【天光】选项并且设置为1，【颜色溢出】为 3.5，【光线/采样数】为 250，【颜色过滤器】为【#ffffff】，【过滤器大小】为 0.5，【附加环境光】为【#000000】，【光线偏移】为 0.03，【反弹】为 8，【锥体角度】为 88，勾选【体积】选项并设置参数为 1，再勾选【自适应欠采样】选项，并将【初始采样间距】设置为 16×16，【细分对比度】为 5，【向下细分至】为 1×1，如图 6-41 所示。渲染结果如图 6-42 所示。

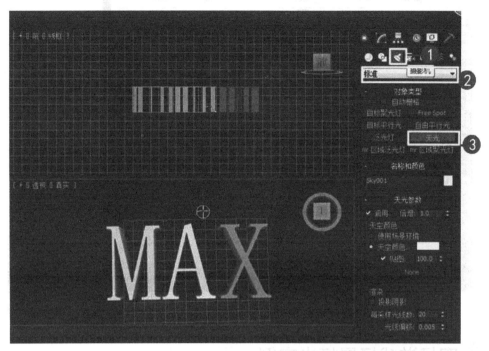

图 6-39　创建天光

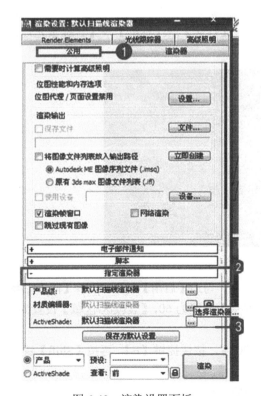

图 6-40　渲染设置面板

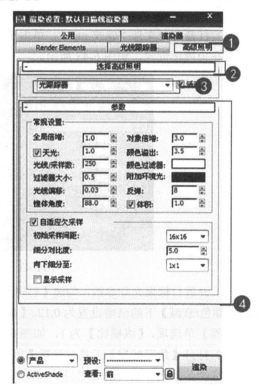

图 6-41　设置渲染

图 6-42 渲染结果图   图 6-42 彩图

6.5 职场游戏场景灯光实例

（1）打开素材文件"建筑.max"，单击【创建】→【灯光】→【标准】→【目标聚光灯】按钮，并在顶视图创建，如图 6-43 所示。

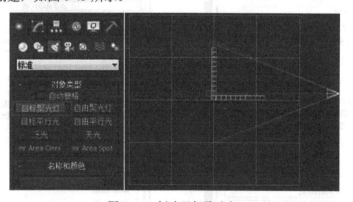

图 6-43 创建目标聚光灯

（2）设置目标聚光灯参数，勾选【启用】目标距离，勾选【启用】阴影，选择【阴影贴图】，【强度/颜色/衰减】下的倍增设置为 0.12。【聚光区/光束】设置为 60，【衰减区/区域】设置为 80，选择【圆】单选项，【纵横比】为 1，如图 6-44 所示。

（3）打开【角度捕捉】工具，设置【角度】为 90 度，按快捷键【E】，再按【Shift】键以实例复制 3 个，如图 6-45 所示。

（4）将【角度捕捉】设置为 45 度，重复上一步骤，效果如图 6-46 所示。

（5）在前视图中调整一下方向，按【Shift】键复制一个，如图 6-47 所示。

（6）重复上一步骤，复制多个并调整方向，如图 6-48 所示。

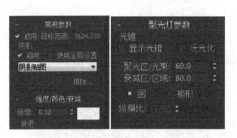
图 6-44 设置聚光灯参数

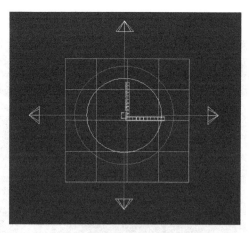
图 6-45 复制

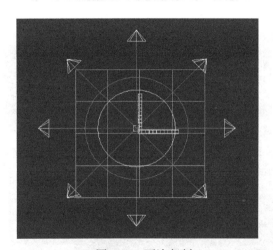
图 6-46 再次复制

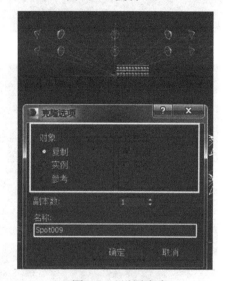
图 6-47 设置克隆

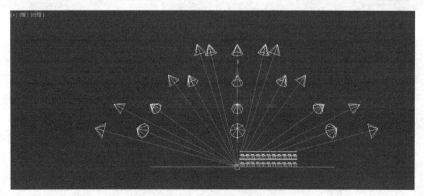
图 6-48 复制多个

（7）选择每一排的其中一个【聚光灯】，进入【颜色选择器】窗口，调整颜色如下。如图 6-49（a）、（b）、（c）、（d）所示。

① 红：117、绿：139、蓝：154、色调：145、饱和度：62、亮度：154。

② 红：146、绿：162、蓝：183、色调：151、饱和度：52、亮度：183。

③ 红：126、绿：169、蓝：203、色调：146、饱和度：97、亮度：203。

④ 红：128、绿：181、蓝：255、色调：152、饱和度：127、亮度：255。

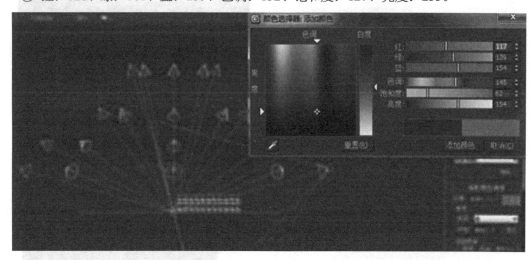

(a)

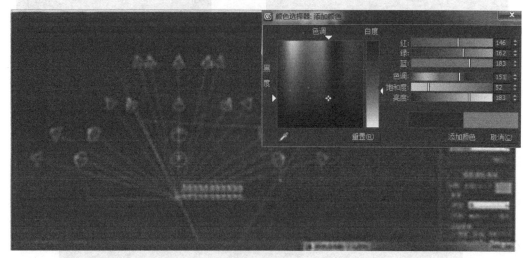

(b)

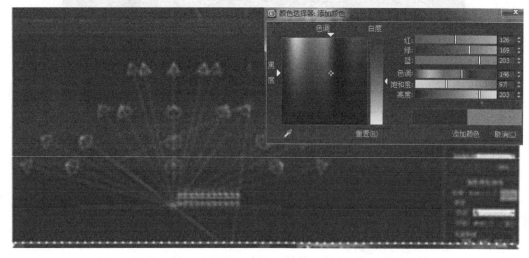

(c)

图 6-49　调整颜色

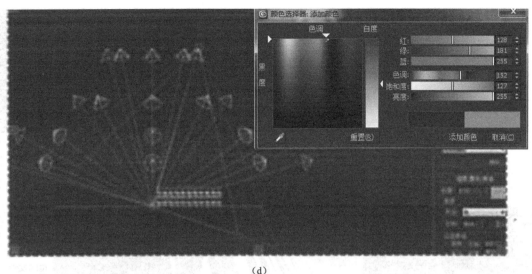

(d)

图 6-49 调整颜色（续）

（8）进入【环境与效果】窗口，选择背景颜色参数为红：63、绿：130、蓝：206、色调：150、饱和度：177、亮度：206。如图 6-50 所示。

（9）在前视图单击【创建】→【灯光】→【标准】→【泛光灯】按钮，颜色参数设置为红：193、绿：219、蓝：255、色调：152、饱和度：62、亮度：255。如图 6-51 所示。

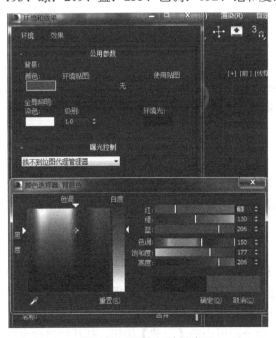

图 6-50 环境与效果窗口

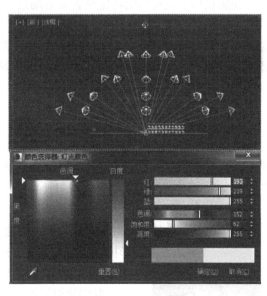

图 6-51 创建泛光灯

（10）在顶视图中单击【创建】→【灯光】→【标准】→【目标平行灯】按钮，调整方向，如图 6-52 所示。设置目标平行灯参数，勾选【启用】阴影，选择【阴影贴图】，【强度/颜色/衰减】下的倍增设置为1.5，【衰退类型】为无，【开始】为40。【聚光区/光束】设置为20000，【衰减区/区域】设置为20002，选择【圆】，【纵横比】为1，如图 6-53 所示。最终渲染结果如图 6-54 所示。

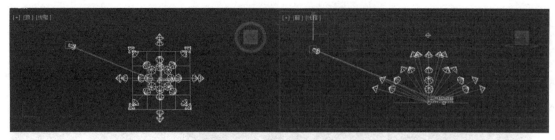

图 6-52 创建目标平行灯

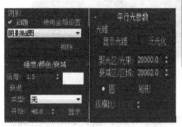

图 6-53 设置平行灯参数　　　　图 6-54 渲染结果图　　　　图 6-54 彩图

6.6 摄影机设置

摄影机用于从视图的特定位置观察场景。通过调整摄影机的参数，并利用摄影机窗口编辑模型、设置场景，能够准确地控制渲染效果，更好地制作场景动画，可以将模拟现实世界的静态图像、运动图像转变为视频图像。环境是指场景的氛围效果。通过环境设置，可以为场景添加一些效果，使场景显得比较真实。根据场景的不同要求，可以为场景设置雾和火焰等环境特效。

6.6.1 摄影机效果

本节介绍摄影机及镜头的类型，讲述目标摄影机及景深参数的设置方法，以及摄影机效果的创建过程。通过本节的学习，可以掌握目标摄影机的创建方法，了解创建摄影机效果的实现过程。

1．摄影机简介

摄影机是一种特殊的对象，在视图中创建了摄影机后，可以将视图转换为摄影机视图。摄影机视图也是一种透视图，它的显示效果可以通过摄影机的参数进行控制，能够更好地表现场景的特殊效果及制作动画。

要创建摄影机，单击命令面板中的【创建】按钮，打开创建命令面板。在该命令面板中，单击【摄影机】按钮，显示出摄影机的命令面板，如图 6-55 所示。并在其下面的【对象类型】卷展栏中显示出摄影机类型的命令按钮。摄影机类型有目标和自由两种，利用摄影机类型的命令按钮即可在视图场景中创建摄影机对象。

2．摄影机的类型

（1）目标摄影机。目标摄影机是从摄影点向指定的目标物体拍摄产

图 6-55 创建命令面板

生场景的渲染效果，这种摄影机具有摄像点和目标点，容易控制，通过调整摄像点和目标点可以改变摄影的方位和渲染效果，能够实现跟踪拍摄，最常用的摄影机。

在【创建】命令面板中，单击【目标】按钮，如图6-56所示。将鼠标指针移到要创建摄像机的视图中，在适当的位置按下鼠标左键，作为摄像机的摄像点，向要拍摄物体的目标点拖曳鼠标，并绘出一个拍摄锥形，拖曳到合适的位置后再释放鼠标按键，即可创建一个目标摄像机。

（2）自由摄影机。自由摄影机与目标摄影机的参数基本相同，只是没有目标点。要对准拍摄的物体，只能通过移动、旋转等工具进行调整，与目标摄影机相比不易控制，常用于动画的浏览。

在【创建】命令面板中，单击【自由】按钮，将鼠标指针移到要创建摄影机的视图中，在适当的位置单击鼠标，即可创建一个自由摄影机，如图6-57所示。

图6-56 创建摄像机　　　　　　　　　　　　图6-57 摄像机类型

3．摄影机的特征及镜头类型

了解摄影机的基本特征和镜头类型，能够更准确地设置摄影机的参数，产生更好的渲染效果。

（1）摄影机的特征。在现实世界中，摄影机的特征主要表现为焦距和视域范围，如图6-58所示。焦距是指镜头与焦平面之间的距离，如图6-59所示，也就是透镜与光敏表面之间的距离。它影响在画面帧中显示的场景区域大小。焦距越大，在画面帧中显示的场景越大，包含的场景内容越多；焦距越小，在画面帧中显示的场景越小，包含的场景内容越少，但可以表现场景的局部特性，能够看到更多的细节。

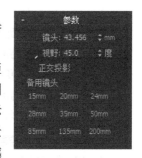

图6-58 摄影机参数

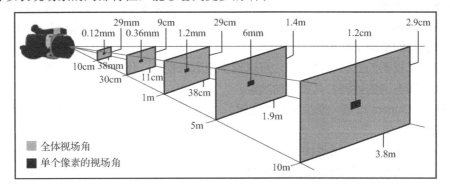

图6-59 摄影机焦距

视域范围是指摄影机镜头的视角范围，也就是场景的可见区域。它与焦距有关，镜头越长，视角越小，场景的可见区域就越小；镜头越短，视角越大。

（2）镜头类型。摄影机的镜头可以控制场景的拍摄效果。根据镜头焦距的大小不同，可以将镜头分为微距镜头、广角镜头和长焦镜头 3 种类型，如图 6-60 和图 6-61 所示。

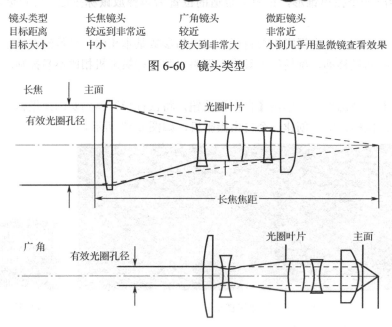

图 6-60　镜头类型

图 6-61　长焦镜头和广角镜头

微距镜头是指焦距为 50mm 的镜头。这种镜头最接近人眼睛的视域范围，是最常用的镜头。

广角镜头是指焦距小于 50mm 的镜头，又称鱼眼式镜头。广角镜头拍摄的画面范围比标准镜头拍摄的画面范围更大。

长焦镜头是指焦距大于 50mm 的镜头。长焦镜头拍摄的画面范围比标准镜头拍摄的画面范围小，但更接近目标物体。

4．摄影机视图控制工具

在视图中创建了摄影机后，为了达到更好的渲染效果，便于观察场景中的目标物体，可以将平面视图或透视图转换为摄影机视图。在视图中按快捷键【C】，即可将当前视图转换为摄影机视图。转换为摄影机视图后，视图控制区中的控制工具按钮也发生变化，其中的控制工具按钮改变为摄影机的控制工具按钮。

通过摄像机视图的控制工具按钮，可以调整摄影机视图，使其达到最佳的显示效果。下面介绍与普通视图不同的控制工具按钮的功能。

（1）Dolly Camera 按钮（推拉摄影机按钮）：单击该按钮，可以用前后移动摄影机的方式调整拍摄的范围。

（2）Perspective 按钮（透视按钮）：单击该按钮，可以移动摄影机改变拍摄范围，但保持摄影机的视域范围不变，可突出场景的目标物体。

（3）Roll Camera 按钮（摇动摄影机按钮）：单击该按钮，可以绕摄影点与目标点的连线旋转摄影机，使水平面产生倾斜。

（4）Truck Camera 按钮（推移摄影机按钮）：单击该按钮，可以沿视图平面自由推移摄影机，改变场景的拍摄区域。

（5）Orbit Camera 按钮（轨道摄影机按钮）：单击该按钮，可以绕目标点旋转摄影机，在保持目标物体不动的情况下调整摄影机的拍摄方位。

5. 目标摄影机的使用

创建了目标摄影机后，可以通过设置或调整目标摄影机的参数使其达到最好的渲染效果。单击【修改】按钮，打开修改命令面板，并显示出目标摄影机的【参数】卷展栏，在【修改】命令面板中可以完成目标摄影机参数的设置操作，如图 6-62 所示。

（1）目标摄影机参数的设置。

显示圆锥体和显示地平线：设置摄影机的视域方式为水平方式。将鼠标指针移到该按钮上，按下鼠标左键，就会弹出下拉按钮并显示出其他的视域方式按钮，拖曳鼠标指针到一个按钮上，再释放鼠标按键，即可选择该按钮的视域方式。分别用于设置摄影机的视域方式为垂直和对角方式。

FOV（视域范围）数值框：用于设置摄影机视域范围的角度。

Orthographic Projection（正交投影）复选框：用于选择是否使用正交投影的方式对目标物体进行拍摄。单击并选中该复选框，将以正交投影的方式拍摄；否则，以透视方式拍摄。

Stock Lenses（库存镜头）栏：用于选择系统提供的备用镜头。该栏以按钮的方式提供了 9 种常用的镜头，分别是 15mm、20mm、24mm、28mm、35mm、50mm、85mm、135mm 和 200mm 镜头。单击相应数值的按钮，即可将当前的镜头更换为选定的备用镜头。

Type（类型）下拉列表框：用于选择摄影机的类型，即自由摄影机和目标摄影机。

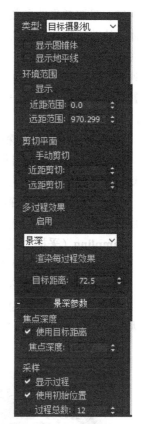

图 6-62 目标摄影机参数面板

Show Cone（显示圆锥体）复选框：用于选择是否显示摄影机拍摄的锥体视域范围。

Show Horizon（显示地平线）复选框：用于选择是否在视图中显示场景的地平线。

Environment Ranges（环境范围）栏：用于设置摄影机的取景范围。Show（显示）复选框，用于在视图中显示摄影机的取景范围；Near Range（近距范围）数值框，用于设置取景作用的最近范围；Far Range（远距范围）数值框，用于设置取景作用的最远范围。

Clipping Planes（剪切平面）栏：用于设置摄影机剪切平面的范围。Clip Manually（手动剪切）复选框，用于选择以手动方式设置摄影机剪切平面的范围；Near Clip（近距剪切）数值框，用于设置手动剪切平面的最近范围；Far clip（远距剪切）数值框，用于设置手动剪切平面的最远范围。

Multi-Pass Effect（多过程效果）栏：用于设置摄影机的景深或运动模糊效果。

Enable（启用）复选框：用于使设置的特效发生作用。

Preview（预览）按钮：用于在视图中显示设置的特效，否则只能在渲染时才能显示特效。

特效下拉列表框：用于选择特效的类型，单击该下拉列表框，在弹出的下拉列表中，可以选择的特效类型为 Depth of Field（mental ray）（景深 mental ray）、Depth of Field（景深）和 Motion Blur（运动模糊）。默认的选项为 Depth of Field（景深）类型，其中景深 mental ray 类型只有在打开 mental ray 渲染器时才会有效；Render Effects Per Pass（渲染每个过程效果）复选框，用于选择是否在每个通道中渲染设置的景深或运动模糊效果。

Target Distance（目标距离）数值框：用于设置摄影机的摄影点与目标点之间的距离。

Lens（镜头）数值框：用于设置摄影机镜头的大小，即摄影机镜头的焦距。

（2）景深效果的参数设置。景深效果可以表现场景的层次感效果，清晰显示目标点的焦点物体，使其他物体产生渐进的模糊效果，如图 6-63 所示。创建了目标摄影机后，在【修改】命令面板的【参数】卷展栏中单击并选中【多过程特效】栏中的【启用】复选框，再单击特效下拉列表框，在弹出的下拉列表框中选择【景深】选项，即可在场景中产生景深效果，同时在【参数】卷展栏的下面显示出【景深参数】卷展栏。在该卷展栏中，可以对景深效果的参数进行设置，如图 6-64 所示。

Focal Depth（焦点深度）栏：用于设置摄影机的焦点位置。

Use Target（使用目标距离）复选框：选择是否用摄影机的目标点作为焦点，单击并选中该复选框，将激活并使用摄影机的目标点。

Focal Depth（焦点深度）数值框：用于设置摄像机的焦点深度位置，取消对 Use Target（使用目标距离）复选框的选择，可以激活该数值框，并可设置焦点的距离。

Sampling（采样）栏：用于设置摄像机景深效果的样本参数。

Display（显示过程）复选框：用于选择是否显示在渲染时景深效果的叠加过程。

Use Original（使用初始位置）复选框：用于选择是否在初始位置进行渲染。

Total Passes（过程总数）数值框：用于设置景深模糊的渲染次数，决定景深的层次，数值越大，景深效果越精确，但渲染时间也会越长。

图 6-63　渐进的模糊效果　　　　　　　图 6-64　景深效果参数设置

Sample Radius（采样半径）数值框：用于设置景深效果的模糊程度。

Sample Bias（采样偏移）数值框：用于设置景深模糊的偏移程度，数值越大，景深模糊偏移越均匀，反之，越随机。

Pass Blending（过程混合）栏：用于设置景深层次的模糊抖动参数，控制模糊的混合效果。

Normalize（标准化）复选框：用于选择是否使用标准的模糊融合效果。

Dither Strength（抖动强度）数值框：用于设置景深模糊抖动的强度值。

Tile Size（平铺大小）数值框：用于设置模糊抖动的百分比。

Scanline Renderer Params（扫描线渲染器参数）栏：用于控制扫描线渲染器的渲染效果。

Disable Filleting（禁止过滤）复选框：用于选择在渲染时是否禁止使用过滤效果。

Disable Antialiasing（禁止抗锯齿）复选框：用于选择在渲染时是否禁止使用抗锯齿效果。

6.6.2 环境特效景深实例

3ds Max 2016 景深效果模拟在通过摄影机镜头观看时，前景和背景的场景元素的自然模糊。景深的工作原理是：将场景沿 Z 轴次序分为前景、背景和焦点图像。根据在景深效果参数中设置的值使前景和背景图像模糊，最终的图像由经过处理的原始图像合成，效果如图 6-65 所示。

图 6-65 景深效果突出脚踏板

（1）在透视图中创建 3 个茶壶模型，按数字键【8】，打开【环境和效果】窗口，切换到【效果】选项卡，在【效果】卷展栏中单击【添加】按钮，在弹出的【添加效果】对话框中选择【景深】效果，单击【确定】按钮，如图 6-66 所示。

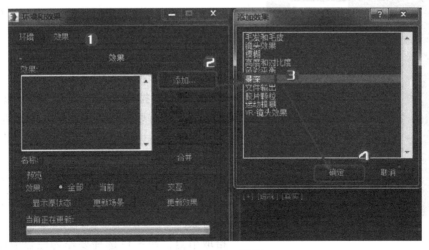

图 6-66 景深设置

（2）在【景深参数】卷展栏中单击【拾取节点】按钮，然后在场景中选择茶壶 3D 模型，如图 6-67 所示。

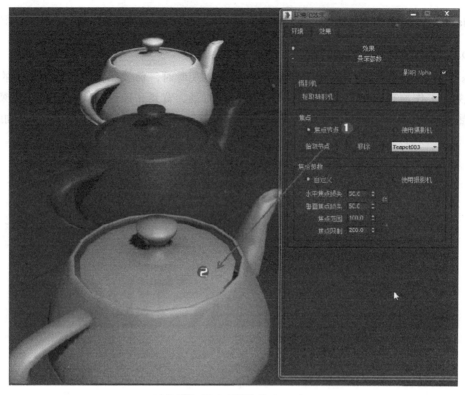

图 6-67 拾取节点

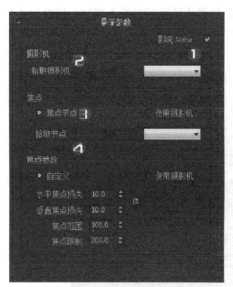

图 6-68 【景深参数】卷展栏

（3）设置【焦点】参数栏下的【自定义】参数值，【景深参数】卷展栏如图 6-68 所示，其中的选项功能介绍如下。

① **影响 Alpha**：启用时，影响最终渲染的 Alpha 通道。

拾取摄影机：用户可以从视口中交互选择要应用景深效果的摄影机。

移除：删除下拉列表中当前所选的摄影机。摄影机选择列表列出所有要在效果中使用的摄影机。可以使用此列表高亮显示特定的摄影机，然后使用移除按钮从列表中将其移除。

焦点节点：用户可以选择要作为焦点节点使用的对象。激活时，可以直接从视口中选择要作为焦点节点使用的对象。

拾取节点：单击以选择要作为焦点节点使用的对象。也可以按【H】键显示【拾取对象】对话框，通过该对话框可以从场景的对象列表中选择焦点节点。

② 【焦点参数】组。

自定义：使用【焦点参数】组中设置的值，确定景深效果的属性。

使用摄影机：使用在【焦点】组下拉列表中高亮显示的摄影机值确定焦点范围、限制和模糊效果。

水平焦点损失：选中【自定义】单选按钮后，沿水平轴确定模糊量。垂直焦点损失选中【自定义】单选按钮后，沿垂直轴控制模糊量。

焦点范围：选中【自定义】单选按钮后，设置到焦点任意一侧的 Z 向距离（以单位表示），在该距离内图像将仍然保持聚焦。

焦点限制：选中【自定义】单选按钮后，设置到焦点任意一侧的 Z 向距离（以单位表示），在该距离内模糊效果将达到其由焦点损失微调器指定的最大值。

（4）渲染场景，得到景深效果，如图 6-69 所示。

图 6-69　景深效果图

本章小结

通过本章学习灯光的应用、光度学灯光、灯光的分布设计和摄影机镜头设置，让读者能够掌握灯光的设计方法和技巧，在制作不同的三维游戏动画场景中，能够视觉观察，实现场景中的特定灯光和摄影机镜头效果表现。

拓展任务

1．简述 3ds Max 2016 软件标准灯光类型有哪几种。
2．三点光源法的打灯原则是什么？
3．简述你在办理身份证照相时的布灯情况。
4．摄影机设置中分别自带哪几种镜头？
5．分析下你看到足球比赛进球瞬间使用的是什么类型的镜头。

第 7 章　骨骼和蒙皮的制作

当前在三维角色动画制作领域中各种技术和软件众多，如何科学地选择和运用这些技术，对于提高三维角色动画制作效率和质量有着重要意义。三维角色动画制作一般分为角色建模、骨骼创建、蒙皮绑定、运动控制 4 个步骤。

骨骼创建就是根据已建好的角色模型建立骨骼。角色的骨骼是发生动作的结构架子。角色动画是建立在基础动画的基础上的，可以通过建好的角色模型的子物体链接关系来创建一套骨骼。有的软件系统直接提供了基本的骨骼系统。3ds Max 不仅有基本的骨骼系统，它内置的 Character Studio 还提供了 Biped 骨骼系统。

蒙皮绑定就是把骨骼和角色模型联系在一起，使骨骼对角色模型产生支配作用。在这一步不但要指定骨骼蒙皮而且要调节骨骼影响力。调节骨骼影响力十分烦琐，调节得好坏直接影响到角色做出动作时对皮肤牵动的正确性。

【学习目标】
（1）掌握关键帧动画的设置和修改；
（2）了解 Character Studio 骨骼系统的设置；
（3）了解 Biped 动画制作；
（4）掌握角色绑定蒙皮效果的设置。

7.1　Character Studio 面板

Character Studio 是 3ds Max 中角色动画最常见的制作工具。不管是国外还是国内的游戏，大多数的游戏角色动画都是用它来制作的。Character Studio 可以很方便地创建两足动物和四足动物的骨架。Character Studio 主要由 3 个基本插件组成，即 Biped（二足角色）、Physique（体格修改器）和 Crowd（群组）。

使用 Biped 插件可以轻松地创建骨架并任意调整它的结构；对于创建的骨架，Biped 可以使用脚步动画、关键帧及运动捕捉为其制作各种各样的动画；Biped 还可以将不同的运动连接成延续的动画或组合到一起形成一个运动序列；使用 Biped 插件还可以对运动捕捉文件进行编辑。使用 Physique 插件可以对创建的二足角色骨架进行编辑，提供自然的表皮变形效果，并能精确控制肌肉隆起和肌腱的行为，从而制作出自然逼真的 3D 角色。使用 Crowd 插件则可以通过行为系统使用一组 3D 对象和角色产生动画。Crowd 具有最丰富的处理行为动画的功能，它可以控制成群的角色和动物（如人群、兽群、鱼群、鸟群及其他对象）。很多影视作品中气势恢宏的大场面都是用 Crowd 群组画完的。本书制作实例主要运用了 Character Studio 系统的 Biped 插件，下面对这部分内容进行介绍。

7.1.1 Biped

Biped 是 3ds Max 系统的一个插件，从【创建】面板中可以进入 Biped，当使用 Biped 建立一个二足角色后，利用【运动】面板上的 Biped 控制工具可以为二足角色产生动画。Biped 角色模型都有腿部，可以是人腿也可以是动物的肢体，甚至可以是虚构的生物。二足角色骨架具有特殊的属性，骨架模仿人的关节，可以非常方便得产生动画，尤其适合 Character Studio 中的脚步动画，可以省去将脚锁定在地面上的麻烦。二足角色可以像人一样直立行走，也可以利用二足角色产生多足动物。

1．二足角色骨架的特点

（1）类似人的结构。二足角色的关节像人一样都连接在一起，在默认情况下二足角色类似于人的骨架并具有稳定的反力学层级。

（2）自定义非人类结构。二足角色骨架可以很容易变形为四足动物，如恐龙。

（3）自然旋转。当旋转二足角色脊椎时，手臂保持与地面相应的角度，而不是随肩一起运动。

（4）设置脚步。二足角色骨架特别适合于角色的脚步动画。

2．二足角色骨架的模式

二足角色具有 4 种模式：体形模式、足迹模式、运动流模式和混合器模式。

（1）体形模式——使用体形模式，可以使两足动物适合代表角色的模型或模型对象。如果使用 Physique 将模型连接到两足动物上，请使"体形"模式处于打开状态。另外，使用"体形"模式，不仅可以缩放连接模型的两足动物，而且可以在应用 Physique 之后使两足动物"适合"调整，还可以纠正需要更改全局姿势的运动文件中的姿势。

当体形模式处于活动状态时，将会显示"结构"卷展栏。

注意：当打开"体形"模式时，两足动物从其动画位置跳转到其体形模式姿态。当退出"体形"模式时会保留动画。

（2）足迹模式——创建和编辑足迹；生成走动、跑动或跳跃足迹模式；编辑空间内的选定足迹；以及使用"足迹"模式下可用的参数附加足迹。

如果"足迹"模式处于活动状态，将会在【运动】面板中显示两个附加的卷展栏。

（3）运动流模式——创建脚本并使用可编辑的变换，将.bip 文件组合起来，以便在运动流模式下创建角色动画。创建脚本并编辑变换之后，请使用【Biped】卷展栏中的"保存段落"将脚本存储为一个大的.bip 文件。此后，保存.mfe 文件；这样做可以使您继续执行正在进行的"运动流"工作。

提示：使用运动流模式，可以同时剪切捕获文件。

注意：如果运动流模式处于活动状态，将会显示运动流卷展栏。

（4）混合器模式——激活【Biped】卷展栏中当前的所有混合器动画，并显示"混合器"卷展栏。

7.1.2 创建 Biped 卷展栏

打开【创建 Biped】（创建二足角色）卷展栏，将显示控制二足角色的一些信息，如图 7-1 所示。【创建 Biped】卷展栏内容说明如下。

图 7-1 【创建 Biped】卷展栏

1．创建 Biped 骨骼系统

【创建方法】选项组有两个单选按钮，分别是【拖动高度】和【拖动位置】。

【拖动高度】：单击该单选按钮，然后在任意视图中单击并拖动鼠标，即可按拖动的高度产生二足角色。

【拖动位置】：单击该单选按钮，然后在任意视图中单击，即可产生二足角色。

【结构源】选项组中的参数说明如下。

【U/I】：单击该单选按钮，会使用显示的参数创建二足角色的身体结构。

【最近的.fig 文件】：单击该单选按钮，会使用最近一次加载的二足角色的比例、结构和高度建立新的二足角色。当在任意视图中单击并移动鼠标时，即可产生二足角色，如果运行 3ds Max 后，还没有加载 figure（人物）文件，程序回到 biped.in 文件中查找，文件路径为【Figure File=X:/3dsmax2009/CSTUDIO/default.fig】。

【根名称】：用于显示二足角色重心对象的名称。重心是二足角色层级的根对象或父对象，在盆骨区域显示为一个六面体，根对象的名称会被添加到所有的二足角色层级的链接中。

当合并角色或使用 3ds Max 工具栏中的【名称选择】对话框来选择二足角色链接时，会根据中心的名称改变其他骨骼的名称，从而使这些过程得到简化。例如，默认的重心名称为 Bip01，如果将 Bip01 改为 John，则相应的名称就被加入到所有的链接中，如 John Pelvis（John 盆骨）、john L Thigh（John 左腿）等。另外，也可以在【Motion】面板下的【结构】卷展栏中对角色的名称进行修改。输入一个描述性的名称对于区分场景中的多个二足角色很有帮助。

当创建第一个二足角色时，它的重心默认名称为 Bip01，如果创建了多个二足角色，中心的名称序号也跟着增加，如 Bip02、Bip03、Bip04 等，以此类推。

在创建二足角色时，可在如图 7-2 所示的【躯干类型】下拉列表中选择二足角色的身体类型，其中包括【骨骼】、【男性】、【女性】和【标准】4 个选项可供选择。另外，进入【运动】面板的体形模式，也可以选择躯干类型，如图 7-3 所示。

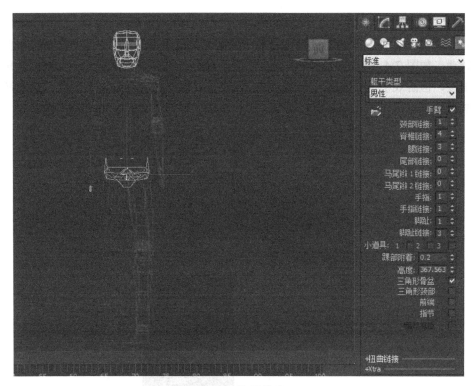

图 7-2 体形模式

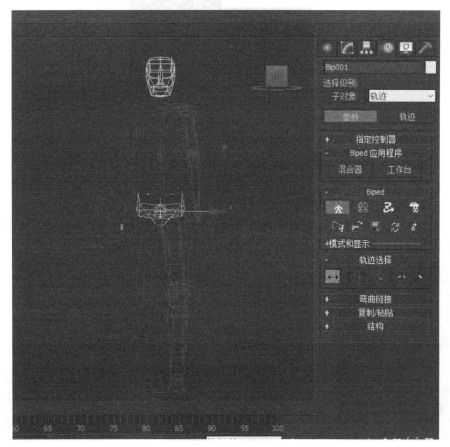

图 7-3 躯干类型

2. 扭曲链接

【扭曲链接】选项组用于设置关节扭曲的骨骼数量，比如手的转动，当手转动时小臂也会跟着一起转动，如图 7-4 所示。这样动画就会更接近真实。通常用于设置 CG 片头高面角色的关节扭曲链接，但游戏中很少采用，因为这需要蒙皮的时候角色有足够多的面数。扭曲链接设置允许动画肢体发生扭曲时，在蒙皮的模型上优化网格变形（使用 Physique 或 Skin）。

图 7-4 手的转动

【扭曲链接】选项组中可以看到各设置功能的详细说明，如图 7-5 所示。

图 7-5 扭曲链接

7.1.3 Character Studio 系统使用流程

下面以创建一个简单骨骼动画为例了解一下 Character Studio 系统的使用流程。

（1）启动 3ds Max 2016 软件，用鼠标单击【创建】命令面板，进入【系统】面板，单击【Biped】按钮，在透视图中拖出一个"Biped"，前视图便会显示如图 7-6 所示。

（2）单击【足迹模式】按钮，如图 7-7 所示。然后在【足迹创建】卷展栏中单击【行走】→【创建多个足迹】按钮，如图 7-8 所示。

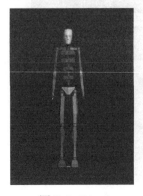      

图 7-6 Biped　　　　　图 7-7 足迹模式　　　　　图 7-8 足迹创建

(3）在弹出的对话框中，选中【从左脚开始】单选按钮，设置【足迹数】为8，【参数化步幅宽度】为1，【实际步幅宽度】为22.389，【总距离】为503.76，如图7-9所示。

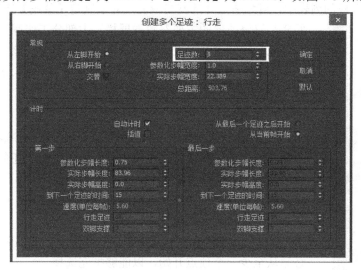

图7-9　创建多个足迹

（4）最后用鼠标单击【足迹操作】卷展栏中的【为非活动足迹创建关键点】按钮，如图7-10所示。

（5）播放动画，这时可以看到骨骼步行的动画，如图7-11所示。

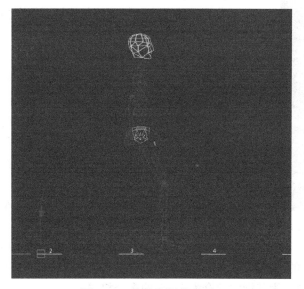

图7-10　足迹操作　　　　　　图7-11　骨骼步行的动画　　　　　　图7-11 彩图

7.2　Skin 蒙皮系统参数

Skin 蒙皮可以自由选择骨骼来进行蒙皮，调节权重也十分方便，并且可以镜像权重，这样只要做好一半的蒙皮就可以完成全部的身体了。下面介绍蒙皮修改器的主要参数。

7.2.1 参数卷展栏

从【修改】面板的列表中,可为所选择的网格或面片对象制定【蒙皮】修改器。【参数】卷展栏是该修改器的主要参数卷展栏,大部分工作都是在这里完成的,所以充分理解这个卷展栏的参数是十分重要的,该卷展栏部分功能说明如图 7-12 所示。下面主要讲解【选择】选项组、【封套属性】选项组、【权重属性】选项组的参数。

1.【选择】选项组

【选择】选项组的参数如图 7-13 所示,这些参数用于防止在视窗中意外的选择错误项目,以便能更好地完成特定任务。

顶点:勾选该复选框后,可以选择顶点。

收缩:从选定对象中逐渐减去最外部的顶点,如果选择了一个对象中的所有顶点,则没有任何效果。

扩大:逐渐添加所选定对象的相邻顶点,以修改当前的顶点选择,必须从至少一个顶点开始,以能够扩充选择。

环:扩展当前的顶点选择,以包括平行边中的所有部分。

循环:扩展当前的顶点选择,以包括连续边中的所有顶点部分。

选择元素:勾选该复选框后至少选择元素的一个顶点,就会选择它的所有顶点。

背面消隐顶点:勾选该复选框后指向当前视图的顶点(位于几何体的另一侧)将处于不可选择状态。

封套:勾选该复选框以选择封套。

横截面:勾选该复选框以选择横截面。

2.【封套属性】选项组

【封套属性】选项组的参数如图 7-14 所示。将【蒙皮】修改器应用于对象之后,第一步是确定哪些骨骼参与对象的加权。所选的每个骨骼都通过其封套影响加权的对象,可以在【封套属性】选项组中对此进行配置。

半径:选择封套横截面,然后使用【半径】调整其大小。

挤压:所拉伸骨骼的挤压倍增器。

图 7-12 【参数】卷展栏

绝对:顶点必须恰好下落到棕色的外部封套中,才能相对于该特定骨骼具有 100%的制定权重。对于下落深度超过一个外部封套的顶点,将根据其下落到每个封套的渐变中的位置,为其指定综合为 100%的多个权重。

图 7-13 【选择】选项组   图 7-14 【封套属性】选项组

相对：对于仅在外部封套内下落的顶点，不为其制定100%的权重。顶点必须在渐变综合为100%或更大的两个或者多个外部封套内下落，或者顶点必须在红色的内部封套内下落，才具有100%的权重，红色内部封套中的任何点将对该骨骼100%锁定，在多个内部封套中下落的顶点将具有对应骨骼上所有分布的权重。

封套可见性：确定未选择的可见性。在列表选择骨骼并单击【封套可见性】按钮，然后选择列表中的另一个骨骼，选择的第一个骨骼将保持可见。使用此控件可处理两个或三个封套。

快速衰减：权重迅速衰减。

缓慢衰减：权重缓慢衰减。

线性衰减：权重以线性方式衰减。

波形衰减：权重以波形方式衰减。

复制：将当前选定封套的大小和形状复制到内存。启用子对象封套，在列表中选择一个骨骼，单击【复制】按钮，然后在列表中选择另一个骨骼并单击【粘贴】按钮，将从一个骨骼复制到另一个骨骼。

粘贴：将复制缓冲区粘贴到当前的选定骨骼。

粘贴到所有骨骼：将复制缓冲区粘贴到修改器的所有骨骼。

粘贴到多个骨骼：将复制缓冲区粘贴到选定骨骼，使用对话框选择要粘贴到其中的骨骼。

3.【权重属性】选项组

【权重属性】选项组的参数如图7-15所示。

绝对效果：输入选定骨骼对选定定点具有的绝对权重。

刚性：使选定定点仅受一个最具影响力的骨骼影响。

刚性控制柄：使选定面片顶点的控制柄仅受一个最具影响力的骨骼影响。

规格化：强制每个选定顶点的总权重合计为1.0。

排除选定的顶点：获取当前选择的顶点，并将它们添加到当前选中骨骼的排除列表中。此排除列表中的任何顶点都不受此骨骼影响。

图 7-15 【权重属性】选项组

包含选定的顶点：从排除列表中为选定骨骼获取选定顶点，然后该骨骼将影响这些顶点。

选定排除的顶点：获取当前排除的顶点并选择它们。

烘焙选定顶点：单击以烘焙当前的顶点权重，所烘焙权重不受封套更改的影响，仅受【绝对效果】或【权重表】中权重的变化影响。

权重工具：弹出【权重工具】对话框，该对话框提供了一些控制工具，用于帮助在选定顶点上指定和混合权重。

权重表：显示一个表，用于查看和更改骨架结构中所有骨骼的权重。

绘制权重：在视口中的顶点上单击并拖动光标，以便刷过选定骨骼的权重。

绘制选项：单击此按钮可弹出【绘制选项】对话框，从中可设置权重绘制的参数。

绘制混合权重：启用后，通过相邻顶点的权重均分，然后基于笔刷强度应用平均权重，可以缓和绘制的值，默认设置为启动。

7.2.2 镜像参数卷展栏

【镜像参数】卷展栏是为了实现将一边的蒙皮信息复制给另一边面而设计的，该参数卷展栏如图7-16所示。

图 7-16 【镜像参数】卷展栏

镜像模式：启用镜像模式后，可在网格两侧指定镜像封套和顶点。

镜像粘贴：将选定封套和顶点指定粘贴到物体的另一侧。

将绿色粘贴到蓝色骨骼：将封套设置从绿色骨骼粘贴到蓝色骨骼。

将蓝色粘贴到绿色骨骼：将封套设置从蓝色骨骼粘贴到绿色骨骼。

将绿色粘贴到蓝色顶点：指定将各个顶点从所有绿色顶点粘贴到对应的蓝色顶点。

将蓝色粘贴到绿色顶点：指定将各个顶点从所有蓝色顶点粘贴到对应的绿色顶点。

镜像平面：确定将用于左侧和右侧的平面，启用【镜像模式】时，则该平面在视口中显示在网格的轴点处。如果选择了多个对象，则将使用一个对象的局部轴，默认值为【X】。

镜像偏移：用于镜像平面轴移动镜像平面。

镜像阈值：用于设置在将顶点设置为左侧或右侧顶点时，镜像工具所能看到的相对距离。启用【镜像模式】时，提高【镜像阈值】的数值可以包含更大的角色区域。

显示投影：其下拉列表包含【默认显示】、【正向】、【负向】和【无】4 个选项。选择【默认显示】则镜像平面一侧上的顶点会自动将选择的投影投射到相对面；选择【正向】，则将显示仅在正直上的角色的一侧的顶点；选择【负向】，则将显示负值上的角色的一侧的顶点；选择【无】，则将不显示顶点。

手动更新：默认情况下是每次松开鼠标按钮时更新。选中该复选框，则可手动进行更新显示。

更新：在勾选【手动更新】复选框后，单击该按钮可使用新设置更新显示。

7.2.3 显示卷展栏

【显示】卷展栏的参数主要用于控制显示属性，该参数卷展栏如图 7-17 所示。

色彩显示顶点权重：勾选该复选框，可根据面的权重设置视口中的顶点颜色。

显示有色面：勾选该复选框，可根据面的权重设置视口中的面颜色。

明暗处理所有权重：给封套中的每个骨骼指定一个颜色，然后进行顶点加权将颜色混合在一起。

显示所有封套：勾选该复选框，将显示所有封套。

显示所有顶点：勾选该复选框，将显示所有顶点。

显示所有 Gizmos：勾选该复选框，将显示除当前选定 Gizmos 以外的所有 Gizmos。

图 7-17 【显示】卷展栏

不显示封套：勾选该复选框，则即使已选择封套，也不显示封套。

显示隐藏的顶点：勾选该复选框，将显示隐藏的顶点。

横截面：勾选该复选框，则会强制在顶部绘制横截面。

封套：勾选该复选框，则会强制在顶部绘制封套。

7.2.4 高级参数卷展栏

【高级参数】卷展栏如图 7-18 所示。

始终变形：用于骨骼和所控制点之间的变形关系的切换。

参考帧：用于设置骨骼和网格位于参考位置的帧数。

回退变换顶点：用于将网格链接到骨骼结构。通常，在执行此操作时任何骨骼移动都会根据需要将网格移动两次，一次随骨骼移动，一次随链接移动。选中此选项可防止在这些情况下网格移动两次。

刚性顶点（全部）：使仅指定到一个骨骼的顶点同样对封套最具影响力的骨骼具有 100%权重。这主要用于不支持权重重点变换的游戏。

刚性面片控制柄（全部）：在面片模型上，强制面片控制柄权重等于节权重。

骨骼影响限制：限制可影响一个顶点的骨骼数。

重置选定的顶点：将选定顶点的权重重置为封套默认值。当手动更改为顶点权重后，可使用此空间重置权重。

重置选定的骨骼：将关联顶点的权重重新设置为选定骨骼封套计算时的原始权重。

重置所有骨骼：将关联顶点的权重重新设置所有骨骼封套计算时的原始权重。

图 7-18 【高级参数】卷展栏

保存：用于保存封套的位置、形状及顶点权重。

加载：用于加载封套的位置、形状及顶点权重。

释放鼠标按钮时更新：勾选该复选框，则按下鼠标按钮时，不进行更新；释放鼠标时，发生更新。该选项可以避免不必要的更新。

快速更新：勾选该复选框，则在不渲染时，禁用权重变形和 Gizmos 的视口显示，并使用刚性变形。

忽略骨骼比例：勾选该复选框，可以使蒙皮的网格不受缩放骨骼的影响。默认设置为禁用状态。

可设置动画的封套：勾选该复选框，则在启用【自动关键点】时，可在动画的封套参数上创建关键点。默认设置为禁用状态。

权重所有顶点：勾选该复选框，将强制不受封套控制的所有顶点加权到与其最近的骨骼，对手动加权的顶点无效。默认设置为启用状态。

移除零权重：如果顶点低于【移除零限制】的数值，则从其权重中将其去除。由于存储在几何体中不要的数据变少了，从而可以使蒙皮的模型更简洁（如在游戏中）。

移除零限制：设置权重阈值。该值用于设置在单击【移除零权重】后是否从权重中去除顶点。默认设置为【0.0】。

图 7-19 【Gizmos】卷展栏

7.2.5 Gizmos 卷展栏

【Gizmos】卷展栏中的控件用于根据关节的角度变形网格及将【Gizmos】添加到对象上的选定点。该卷展栏包括一个列表框（其中包含此修改器的所有 Gizmos），一个当前类型的【Gizmos】的下拉列表及（添加 Gizmos）、（移除 Gizmos）、（复制 Gizmos）和（粘贴 Gizmos）4 个选项，如图 7-19 所示。

3ds Max 2016 游戏设计实例教程（微课版）

7.3 制作蝴蝶舞动动画实例

本节将介绍利用 3ds Max 2016 软件制作蝴蝶舞动的 GIF 动画效果，制作出来的效果非常的漂亮，难度也不是很大，效果如图 7-20 所示。具体操作步骤如下。

（1）在网络上找一张合适的蝴蝶图片素材，如图 7-21 所示。

微课：蝴蝶舞动动画

图 7-20　GIF 动画效果图　　　　图 7-20　彩图　　　　图 7-21　图片素材

（2）启动 3ds Max 2016 软件，在顶视图里新建一个平面，平面的大小与素材图片一致，按快捷键【M】打开【材质编辑器】窗口，在漫反射里选择【位图】命令，并选择素材图片，然后将材质应用到平面上，如图 7-22 所示。

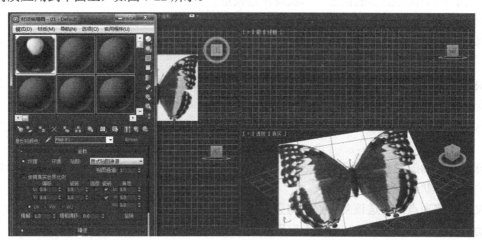

图 7-22　选择位图

（3）贴图后选择平面，右击选择【对象属性】命令，进入【对象属性】窗口，取消勾选【以灰色显示冻结对象】选项，确定并冻结平面，如图 7-23 所示。

（4）按快捷键【G】取消栅格显示。

（5）用二维线绘制蝴蝶右侧翅膀，如图 7-24 所示。

（6）在【修改器列表】窗口中选择【挤出】命令，挤出翅膀厚度，设置挤出【数量】为 0，【分段】为 1，勾选【封口始端】和【封口末端】复选框，选中【变形】选项，【输出】为【网格】，勾选【生成材质 ID】和【平滑】复选框，如图 7-25 所示。

（7）用相同的方法将另一侧的翅膀也通过单击【创建】按钮将它创建出来，效果如图 7-26 所示。

图 7-23　冻结平面

图 7-24　绘制蝴蝶右侧翅膀

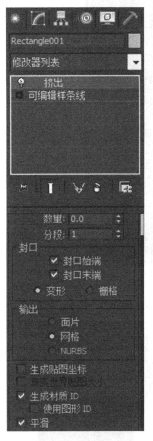
图 7-25　挤出效果

图 7-26　创建右翅膀

（8）绘制蝴蝶身体部分。单击【创建】按钮创建一个大小跟素材大小相近的长方体，长度【分段】设置为5，按【Alt+X】组合键使其透明显示，如图7-27所示。

（9）给长方体进行编辑多边形，在顶点级别下用【缩放】工具，改变长方体的形状，如图7-28所示。

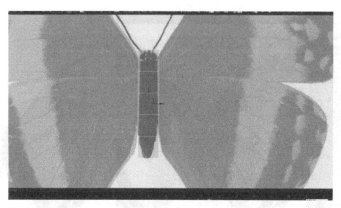

图 7-27 透明显示

图 7-28 用【缩放】工具改变长方体的形状

（10）增加网格平滑，设置【迭代次数】为 2，完成蝴蝶身体的制作，如图 7-29 所示。

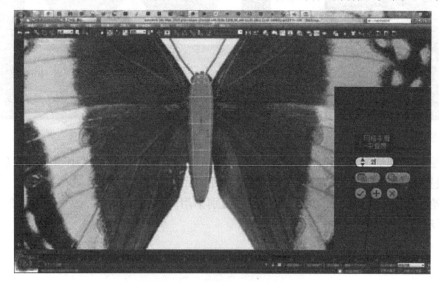

图 7-29 增加【网格平滑】

（11）用二维线绘出触角部分。

（12）在【修改】面板下勾选如图 7-30 所示选项，并设置【厚度】为 0.1，将触角的二维线转成三维对象。

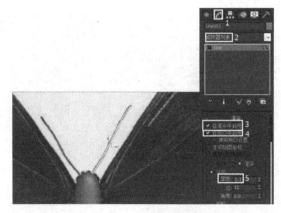

图 7-30　设置【修改】面板

（13）完成蝴蝶整体的建模，如图 7-31 所示。

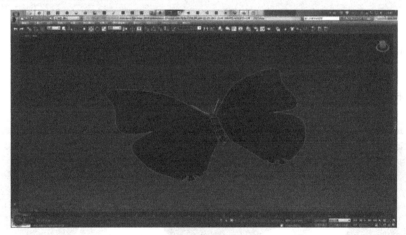

图 7-31　完成蝴蝶整体的建模

（14）选中所有对象，选择【编组】命令，如图 7-32 所示。

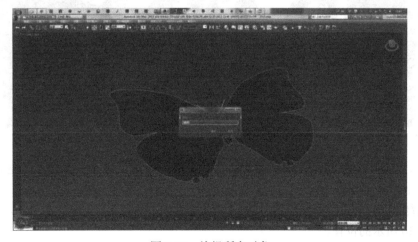

图 7-32　编组所有对象

(15）按快捷键【M】，打开【材质编辑器】窗口，如图 7-33 所示。

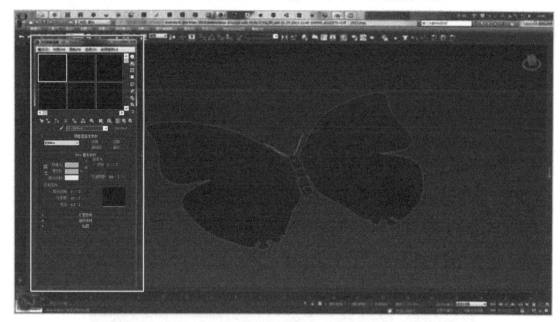

图 7-33　打开【材质编辑器】窗口

（16）选择【漫反射贴图】命令，单击【位图】贴图方式，用鼠标为蝴蝶贴上素材，此时使用步骤（2）中的材质即可。

（17）将材质指定给选定对象，给模型附上材质，这时效果如图 7-34 所示。

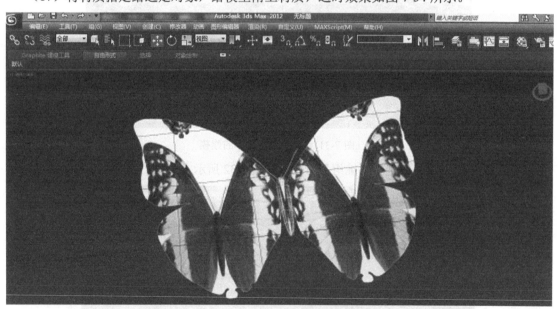

图 7-34　给模型附上材质

（18）添加 UVW 贴图，并选择【多边形】命令，全选，选择【平面】单选框，选择轴向【Z】，如图 7-35 所示。

（19）解组后分别选中一侧翅膀，单击【层次】面板，选择【仅影响轴】选项，将中心轴移动到如图 7-36 所示的位置。

第 7 章 骨骼和蒙皮的制作

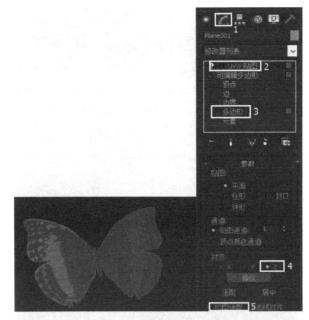

图 7-35 添加【UVW 贴图】

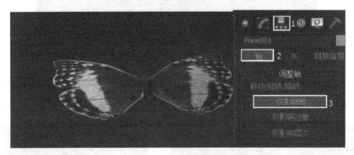

图 7-36 编辑翅膀

（20）关闭【仅影响轴】。
（21）打开【自动关键点】，如图 7-37 所示。

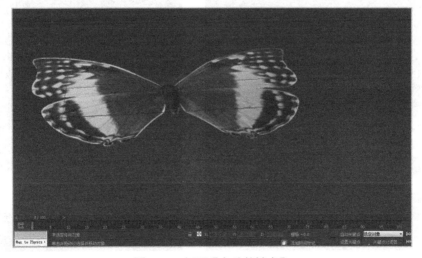

图 7-37 打开【自动关键点】

（22）将翅膀调成如图 7-38 所示，并在 0 帧设置关键点。

图 7-38　设置关键点

（23）将时间轴移到第 3 帧，用【旋转】工具分别旋转两侧的翅膀，效果如图 7-39 所示。

（24）将时间轴移到第 6 帧，用【旋转】工具分别旋转两侧的翅膀，效果如图 7-40 所示。

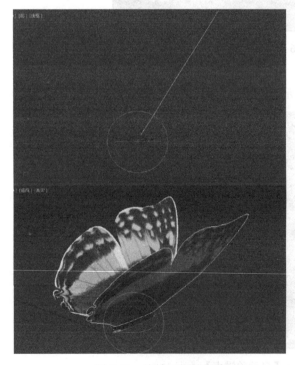

图 7-39　旋转两侧的翅膀

图 7-40　再次【旋转】两侧的翅膀

（25）用同样的方式，完成蝴蝶舞动翅膀的动作。

(26) 按快捷键【8】，打开【环境和效果】窗口，如图 7-41 所示。

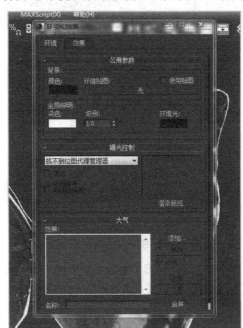

图 7-41　打开【环境和效果】窗口

(27) 单击【环境贴图】命令，勾选贴上一张花朵素材，效果如图 7-42 所示。

图 7-42　单击【环境贴图】命令贴上素材

(28) 由于 2016 版 3ds Max 的背景贴图默认为球面贴图，所以此处改用平面贴图作为背景，如图 7-43 所示。

(29) 按快捷键【F10】，打开【渲染设置】对话框，在【公用】选项卡下，设置【时间输出】参数，【每 N 帧】为 1，选中【活动时间段】并设置范围从 0 至 100，【帧】为（1,3,5-12）。设置【输出大小】参数，【宽度】为 800，【高度】为 600，【图像纵横比】为 1.333，【像素纵横比】为 1，【光圈宽度】为 36，如图 7-44 所示。

图 7-43 用平面贴图作为背景

（30）设置视频输出选择文件格式，勾选【置换】复选框，在【高级照明】选项卡中选择【使用高级照明】选项，选择【保存文件】和【Autodesk ME 图像序列文件】复选框，勾选【渲染帧窗口】复选框，如图 7-45 所示。

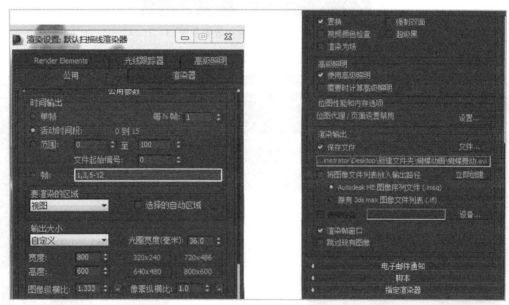

图 7-44 【渲染设置】对话框　　　　图 7-45 设置视频输出文件格式

（31）单击【渲染】按钮，渲染完成，效果如图 7-46 所示。

图 7-46 渲染效果图

本章小结

本章主要讲解了在 3ds Max 2016 软件中创建动画的方法和各项动画控制功能的使用技巧，分别为三维游戏动画制作流程、骨骼设置、蒙皮设置、轨迹动画和动画层的使用。通过本章的学习让读者能够对三维游戏角色和其他辅助动画的制作知识有一定的掌握，并能够完成一些基础的动画制作。

拓展任务

1. 利用 Biped 骨骼插件，完成如图 7-47 所示人物走动动画效果。

图 7-47　人物走动动画效果图

2. 利用 Biped 骨骼插件，完成如图 7-48 所示四足动物走动动画效果。

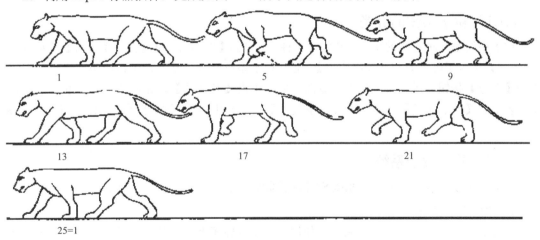

图 7-48　四足动物走动动画效果

第 8 章 粒子系统与空间扭曲

通过 3ds Max 2016 中的特效粒子系统与空间扭曲工具的设置,可以实现影视和游戏特效中的更为真实的爆炸焰火、火苗、落叶、雪花飞舞等效果。只要想象力足够丰富,就可以创造出意想不到的奇迹来,使得原本逼真的三维场景和三维角色动画显得更加真实,让画面变得更加精彩!

【学习目标】
(1)掌握粒子系统中的各种类型粒子的设置;
(2)熟练掌握空间扭曲的使用方法。

8.1 粒子系统

粒子系统是 3ds Max 中比较重要的一个系统功能,因其能模拟粒子的运动过程而在动画制作中被广泛应用,常用于模拟下雨、下雪和爆炸等特殊动画效果。

8.1.1 粒子系统的分类

粒子系统是一种特殊的系统,共包含 7 种,分别是【PF Source】、【喷射】、【雪】、【暴风雪】、【粒子云】、【粒子阵列】和【超级喷射】。通常粒子系统又分为基本粒子系统和高级粒子系统。单击【创建】按钮,进入【创建】命令面板后,单击【几何体】按钮,选择【标准基本体】下拉列表中的【粒子系统】选项,在【对象类型】卷展栏中有 7 个粒子系统创建按钮,如图 8-1 所示。

8.1.2 基本粒子系统

基本粒子系统包括喷射粒子系统和雪粒子系统,下面分别对其进行介绍。

1. 喷射粒子系统

喷射是 3ds Max 2016 中参数最少,使用最简单的粒子系统,其发射器为一个向量从一个面向外指出的矩形。向量显示系统发射粒子的方向,多用于制作下雨的动画。

在【粒子系统】创建面板中,单击【喷射】按钮,进入【喷射】粒子系统参数面板,如图 8-2 所示。

视口计数:用于设置能在视图中显示出来的粒子数量。
渲染计数:用于设置能渲染出来的粒子数量。
水滴大小:用于设置粒子的大小。
速度:用于设置粒子的发射速度。
变化:用于设置粒子的运动速度和运动方向的变化率。

图 8-1　粒子系统　　　　　图 8-2　【喷射】粒子系统参数面板

水滴：选中该单选按钮，设置粒子在视图中的显示形状为水滴形，如图 8-3 所示。
圆点：选中该单选按钮，设置粒子在视图中的显示形状为圆点形，如图 8-4 所示。

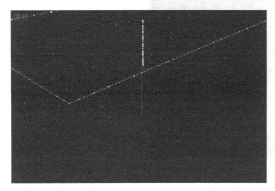 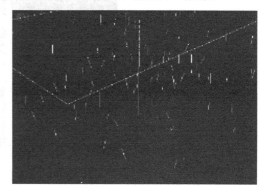

图 8-3　水滴形粒子　　　　　　　图 8-4　圆点形粒子

十字叉：选中该单选按钮，设置粒子在视图中的显示形状为十字叉形，如图 8-5 所示。
四面体：选中该单选按钮，设置渲染出的粒子显示形状为四面体，如图 8-6 所示。

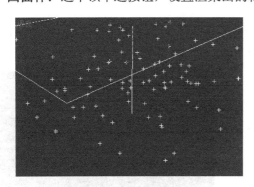 

图 8-5　十字叉形粒子　　　　　　图 8-6　四面体粒子

面：选中该单选按钮，设置渲染出的粒子显示形状为面片，如图 8-7 所示。

开始：用于设置在第几帧之时，发射器开始发射粒子。

寿命：用于设置粒子从发射到消失的时间。

恒定：取消选中该复选框，【出生速率】参数将被激活，处于可用状态。

出生速率：用于设置每一帧发射的新粒子数。

最大可持续速率 3.3：其数值根据寿命的变化而变化，如

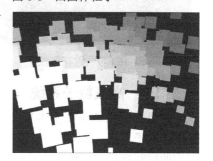

图 8-7　面片

果其数值大于或等于出生速率，则粒子系统将生成均匀的粒子流；如果其数值小于出生速率，则粒子系统将生成突发的粒子流。

宽度：设置发散器的宽度值。

长度：设置发散器的长度值。

隐藏：选中该复选框，将隐藏视图中的发射器。

2．雪粒子系统

雪粒子系统同喷射粒子系统基本相同，也是较为简单的一种粒子系统，多用于制作下雪的动画。

单击【雪】按钮，进入【雪】粒子系统参数面板，如图8-8所示。

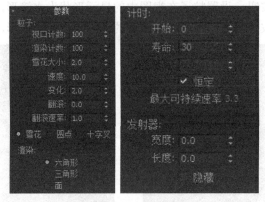

图8-8 【雪】粒子系统参数面板

雪粒子系统的参数与喷射粒子系统的参数基本相似，只是渲染和显示形状有所不同，并增加了翻滚和翻滚速率两个参数，使其在模拟下雪的动态时更加真实。

翻滚：用于设置雪粒子的随机旋转量。

翻滚速率：用于设置雪粒子的旋转速度。

雪花/圆点/十字叉：用于设置粒子在视图中的显示形状，默认为雪花形，如图8-9所示。

六角形：选中该单选按钮，设置渲染出的粒子显示形状为六角形，如图8-10所示。

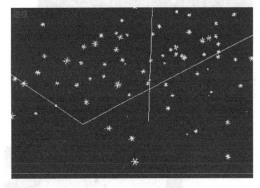

图8-9 雪花形粒子　　　　　　　　　　　图8-10 六角形粒子

8.1.3 高级粒子系统

高级粒子系统是在基本粒子系统的基础上增加了高级参数控制，高级粒子系统包括 PF Source 粒子系统、暴风雪粒子系统、粒子云粒子系统、粒子阵列粒子系统和超级喷射粒子系统。它们的控制参数基本相同，下面分别进行介绍。

1．PF Source 粒子系统

PF Source 粒子系统是最新型的、功能最强大的粒子系统，它通过【粒子视图】对话框来设置粒子的特性，除了具有其他粒子系统的所有功能外，还能为粒子系统加入测试选项，从而能够更准确地控制粒子。

单击【PF Source】按钮，进入【PF Source】粒子系统参数面板，如图 8-11 所示。

启用粒子发射：该复选框默认为选中状态，取消选中该复选框，发射器将停止发射粒子。当在【粒子视图】对话框中使用了复杂粒子控制器后，每改变一次参数或在视图中每移动一帧，系统都要计算一次粒子的运动，非常耗时，所以当不需要对粒子运动进行跟踪观测时，可以取消选中该复选框，以加快系统运行速度。

粒子视图：单击该按钮，弹出【粒子视图】窗口，如图 8-12 所示。

图 8-11 【PF Source】粒子系统参数面板

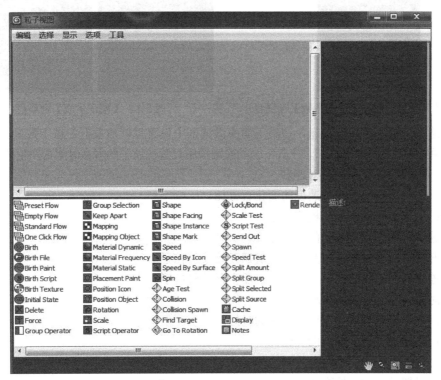

图 8-12 【粒子视图】窗口

2．暴风雪粒子系统

暴风雪粒子系统是雪粒子系统的高级版本，它拥有更多的参数，从而可以产生更复杂的运动及显示效果。单击【暴风雪】按钮，进入暴风雪粒子系统参数面板，如图 8-13 所示。

（1）【基本参数】卷展栏中的参数用于设置发射器与粒子在视图中的显示状态。

宽度：用于设置发射器的宽度。

长度：用于设置发射器的长度。

发射器隐藏：选中该复选框，隐藏发射器。

圆点：选中该单选按钮，粒子在视图中显示为圆点。
十字叉：选中该单选按钮，粒子在视图中显示为十字叉。
网格：选中该单选按钮，粒子在视图中显示为网格对象。
边界框：仅用于实例几何体粒子类型，选中该单选按钮，实例几何体粒子在视图中仅显示为边界框。

粒子数百分比：以渲染粒子数的百分比指定视图中显示的粒子数，默认为10%。

（2）【粒子生成】卷展栏用于设置粒子的运动速度、大小、寿命、翻滚等参数，如图 8-14 所示。

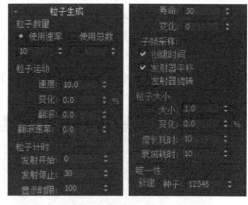

图 8-13　暴风雪粒子系统【基本参数】卷展栏　　　图 8-14　【粒子生成】卷展栏

使用速率：选中该单选按钮，在其下面的微调框中设置每帧所发射的粒子数量。
使用总数：选中该单选按钮，在其下面的微调框中设置在粒子的寿命时间内产生的总粒子数。
速度：用于设置粒子的发射速度。
变化：用于设置粒子运动速度的变化百分比。
翻滚：用于设置粒子的随机旋转量。
翻滚速率：用于设置粒子的旋转速度。
发射开始：用于设置在第几帧时发射器开始发射粒子。
发射停止：用于设置在第几帧时发射器不再发射粒子。
显示时限：用于设置所有粒子消失的时间。
寿命：用于设置粒子从发射到消失的时间。
变化：用于设置粒子寿命的变化。
大小：设置粒子的大小。
变化：设置粒子大小的变化百分比。
增长耗时：用于设置粒子从小增长到设定大小所需的时间。
衰减耗时：用于设置粒子从设定大小收缩到十分之一所需的时间。
种子：设置粒子随机变化。

（3）【粒子类型】卷展栏中的参数用于设置粒子的渲染形式，如图 8-15 所示。

【**粒子类型**】参数设置区：包含 3 种粒子类型，【标准粒子】、【变形球粒子】和【实例几何体】。其中，【标准粒子】类型为系统默认的粒子类型，根据下面【标准粒子】参数设置区中的选项确定粒子形态；【变形球粒子】类型用于创建如液体般具有张力的粒子；【实例几何体】以拾取的对象物体作为粒子形态。

【标准粒子】参数设置区：包含 8 种不同形态的标准粒子，包括【三角形】、【立方体】、【特殊】、【面】、【恒定】、【四面体】、【六角形】和【球体】。

【变形球粒子参数】参数设置区：当粒子类型为变形球粒子时，此参数设置区中的参数可用。

① 张力：设置粒子与其他粒子混合倾向的紧密度，张力值越大，粒子越难混合。

② 变化：设置粒子张力变化的百分比。

③ 渲染：设置粒子渲染时的粗糙度。

④ 视口：设置粒子在视图中显示时的粗糙度。

⑤ 自动粗糙：选中该复选框，系统将会自动设置粒子的粗糙度。

⑥ 一个相连的水滴：选中该复选框，仅计算和显示彼此相连或邻近的粒子，加快粒子计算速度。

【实例参数】参数设置区：当粒子类型为实例几何体时，其中的参数用于指定和设置实例对象。该对象可以是一个物体也可以是一组物体或一个链接中的物体，可以使用【使用子树】复选框随时改变它，可以使用【动画依稀关键点】下的参数对粒子系统中的实例对象动画进行调整。

【材质贴图和来源】参数设置区：其中的参数用于指定材质贴图如何影响粒子，并且可以指定粒子的材质来源。

（4）【旋转和碰撞】卷展栏的参数用于控制粒子的旋转与碰撞的特殊效果，如图 8-16 所示。

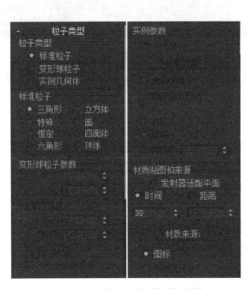
图 8-15 【粒子类型】卷展栏

图 8-16 【旋转和碰撞】卷展栏

自旋时间：设置粒子旋转所需的帧数，设置为 0 时不发生旋转，默认值为 30。

变化：设置粒子旋转时间变化的百分比。

相位：设置粒子开始旋转的角度。

变化：设置粒子相位变化的百分比。

随机：选中该单选按钮，随机设置粒子的自旋轴。

用户定义：选中该单选按钮，可由用户设置粒子在"X 轴"、"Y 轴"或"Z 轴"上的旋转量。

启用：选中该复选框，启用粒子碰撞。
计算每帧间隔：该参数数值越大，计算碰撞效果越精确。
反弹：设置粒子碰撞时的反弹程度。
变化：设置粒子碰撞时的反弹程度百分比。

(5)【对象运动继承】卷展栏如图 8-17 所示，其中的参数用于控制发射器运动对粒子的影响。

影响：设置粒子发出时，继承发射器运动的粒子所占的百分比。
倍增：调整发射器运动对粒子的影响程度。
变化：设置倍增变化的百分比。

(6)【粒子繁殖】卷展栏如图 8-18 所示，其中的参数用于控制粒子在与导向板发生碰撞或消亡时所产生粒子繁殖的情况，包括如何产生粒子繁殖、产生的繁殖粒子的数量、产生的繁殖粒子的方向及大小等。

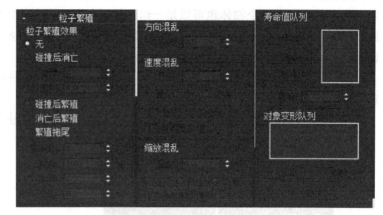

图 8-17 【对象运动继承】卷展栏　　　　图 8-18 【粒子繁殖】卷展栏

(7)【加载/保存预设】卷展栏中的选项可以存储预设值，以便在其他相关的粒子系统中使用，该卷展栏如图 8-19 所示。

3. 粒子云粒子系统

粒子云粒子系统可将粒子限定在一定的体积内运动，常用来制作群体动画，如一群鱼、一群蜜蜂等。单击【粒子云】按钮，进入粒子云粒子系统参数面板，如图 8-20 所示。其中各卷展栏中的参数与暴风雪粒子系统卷展栏中的参数基本相同，下面只对其特有参数进行详细讲解。

(1)【基本参数】卷展栏。
拾取对象：单击该按钮，可以选择代替发射器的网格几何体对象。
长方体发射器：选中该单选按钮，发射器为长方体。
球体发射器：选中该单选按钮，发射器为球体。
圆柱体发射器：选中该单选按钮，发射器为圆柱体。
基本对象的发射器：选中该单选按钮，发射器为拾取对象的形状。

(2)【粒子生成】卷展栏。粒子云粒子系统对粒子运动的速度和方向控制与其他粒子有所不同，打开【粒子生成】卷展栏，如图 8-21 所示。
速度：粒子云粒子系统默认的发射速度为 0，这时发射出的粒子停在发射器体中不动。
随机方向：选中该单选按钮，设置粒子的发射方向随机控制。

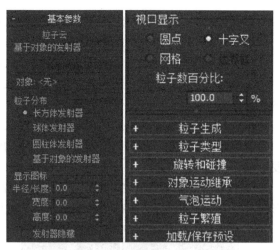

图 8-19 【加载/保存预设】卷展栏　　　　图 8-20　粒子云粒子系统参数面板

方向向量：选中该单选按钮，根据其下面的轴向定义粒子的发射方向。

参考对象：选中该单选按钮，粒子的发射方向根据拾取对象的局部坐标 Z 轴的指向而定。

粒子云粒子系统默认的停止发射时间为第 0 帧，与发射开始相同，这时粒子系统只在第 0 帧发射一批粒子。

（3）【气泡运动】卷展栏如图 8-22 所示，其中的参数用于控制粒子模拟气泡运动的效果。

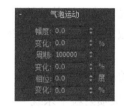

图 8-21　【粒子生成】卷展栏　　　　图 8-22　【气泡运动】卷展栏

幅度：粒子运动时离开速度方向的距离。

变化：粒子运动幅度变化的百分比。

周期：粒子振动幅度的一个完整波长，一般设置为 20～30 之间。

变化：粒子周期变化的百分比。

相位：用于控制粒子发射时气泡运动的变化。

变化：粒子相位变化的百分比。

4．粒子阵列粒子系统

粒子阵列粒子系统可以将粒子限定在某个物体的表面，并从表面向外发射，常配合空间扭曲制作爆炸效果，单击【粒子阵列】按钮，进入粒子阵列粒子系统参数面板，如图 8-23 所示。下面对其特有的参数做详细介绍。

（1）【基本参数】卷展栏。

拾取对象：单击该按钮，可以选择代替发射器的网格几何体对象。

在整个曲面：选中该单选按钮，粒子从对象的整个表面上发射。
沿可见边：选中该单选按钮，粒子从对象的可见边上发射。
在所有的顶点上：选中该单选按钮，粒子从对象的所有顶点发射。
在特殊点上：选中该单选按钮，粒子从对象表面随机确定的发射点发射，可通过【总数】参数设置物体表面发射点的分布数量。
在面的中心：选中该单选按钮，粒子从对象表面每个三角面的中心发射。
使用选定子对象：选中该复选框，可使用物体在网格编辑修改命令中选中的面或顶点作为发射器。

（2）【粒子类型】卷展栏中增加了【对象碎片】粒子类型，使用对象物体的碎片作为粒子的形状，并相应增加了【对象碎片控制】参数设置区，如图 8-24 所示。

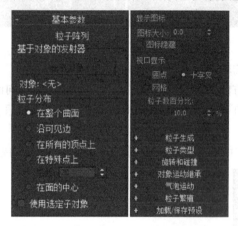
图 8-23　粒子阵列粒子系统参数面板

图 8-24　【对象碎片】控制参数栏

厚度：对象碎片的厚度，设置一定碎片厚度可使碎片看起来更真实。
所有面：选中该单选按钮，将打碎物体表面所有的三角面作为粒子。
碎片数目：选中该单选按钮，以物体表面不规则的破碎面作为粒子，并且可通过【最小值】参数设置碎片的最小数量。
平滑角度：根据【角度】参数的设置打碎物体表面，角度值越大，打碎形成的面越少。

5．超级喷射粒子系统

超级喷射粒子系统是喷射粒子系统的高级版本，具有更多的粒子控制参数，发射器从一个点沿向量轴指定方向发射粒子，单击【超级喷射】按钮即可进入超级喷射粒子系统参数面板，如图 8-25 所示。

图 8-25　超级喷射粒子系统参数面板

超级喷射粒子系统具有特有的粒子喷射分布控制参数，下面对其进行详细介绍。

轴偏离： 设置粒子发射角度与发射器向量轴的偏离角度。

扩散： 控制粒子在发射角度线与发射器向量轴所形成的面上发生扩散。

平面偏离： 设置粒子发射时围绕发射器向量轴偏离的角度。

扩散： 控制粒子围绕发射器向量轴发生扩散。

8.2 空间扭曲

空间扭曲是一类特殊的辅助物体类型，它可以被创建、修改和移动等，但不可以对其进行渲染与着色，通过和其他创建物体绑定后可以影响被作用对象，从而制作出一些特殊效果。

8.2.1 空间扭曲的分类

单击【创建】按钮进入创建命令面板，单击【空间扭曲】按钮，在【力】的下拉列表中选择不同的空间扭曲物类型，每一种空间扭曲物中都包括了几种具体的对象类型，如图 8-26 至图 8-30 所示。

图 8-26 力

图 8-27 导向器

图 8-28 几何/可变形

图 8-29 基于修改器

图 8-30 粒子和动力学

8.2.2 常用空间扭曲类型

下面详细介绍【风】、【粒子爆炸】、【重力】、【导向板】、【涟漪】和【波浪】等一些常用的空间扭曲类型。

1．风

【风】空间扭曲可以影响粒子系统发射粒子的方向，生成动态的气流效果。单击【创建】按钮进入创建命令面板，单击【空间扭曲】按钮，选择【力】下拉列表中的【力】选项后，单击【风】按钮，其参数面板如图 8-31 所示。

（1）【力】参数设置区。

强度： 设置重力的作用强度。

衰退： 设置重力的衰减速度。

图 8-31 【力】和【风】参数设置面板

平面：选中此单选按钮后将会把重力场设置为平面场。

球形：选中此单选按钮后，将会把重力场设置为球面场。

（2）【风】参数设置区。

湍流：设置风的气流的变化程度。

频率：设置风产生的频率。

比例：设置风对粒子的影响程度。

（3）【显示】参数设置区。

范围指示器：选中此复选框后将显示风的作用范围。

图标大小：设置图标的显示大小。

2. 粒子爆炸

【粒子爆炸】可以使粒子模拟爆炸效果，将指定物体的表面向周围空间分散成许多小的碎片，碎片可沿实际场景运动，制造礼花的效果。单击【创建】按钮进入创建命令面板，单击【空间扭曲】按钮，选择【力】下拉列表中的【力】选项后，单击【粒子爆炸】按钮，其参数面板如图 8-32 所示。

（1）【爆炸对称】参数设置区。此参数设置区中有【球形】、【柱形】和【平面】3 个单选按钮，可分别设定爆炸的对称类型为球形、柱形、平面。

混乱度：设置爆炸后碎片随机运动的程度。

（2）【爆炸参数】参数设置区。

开始时间：设置爆炸的起始时间。

持续时间：设置爆炸的持续时间。

强度：设置爆炸的强度。

图 8-32 【粒子爆炸】参数设置面板

范围：设置爆炸的范围，若选中【无限范围】则不激活此参数。【线性】和【指数】用于设定爆炸如何消失。

（3）【显示图标】参数设置区。此参数设置区中的【图标大小】和【范围指示器】的具体设置与【风】空间扭曲中的类似。

3. 重力

【重力】空间扭曲可以通过模拟自然界中的地球引力对粒子施加引力的作用。单击【创建】按钮进入创建命令面板，单击【空间扭曲】按钮，选择【力】下拉列表中的【力】选项，然后单击【重力】按钮，其参数面板如图 8-33 所示。

（1）【力】参数设置区。

强度：设置重力的作用强度。

衰退：设置重力的衰减速度。

平面：选中此单选按钮后将会把重力场设置为平面场。

球形：选中此单选按钮后将会把重力场设置为球面场。

（2）【显示】参数设置区。

此参数设置区中的【图标大小】和【范围指示器】的设置与【风】空间扭曲中的设置类似。

4. 导向板

【导向板】是一种可以产生碰撞效果的空间扭曲,当设置导向板后粒子发生碰撞时会沿导向板的方向前进,若不设置导向板则粒子会沿原有方向前进直至消失或受到其他空间扭曲的作用。单击【创建】按钮进入创建命令面板,单击【空间扭曲】按钮,选择【力】下拉列表中的【导向器】选项,然后单击【导向板】按钮,其参数面板如图 8-34 所示。

图 8-33 【重力】参数设置面板　　图 8-34 【导向板】参数设置面板

反弹:设置粒子在撞击导向板后运动速度变化的大小。

变化:设置导向板反弹的变化程度。

混乱:设置粒子在撞击导向板后方向变化的程度。

摩擦力:设置粒子和撞击物体表面的相切夹角。

继承速度:设置粒子继承速度的特性。

宽度:设置图标的宽度。

长度:设置图标的长度。

5. 涟漪

【涟漪】是一种可以产生中心放射效果的空间扭曲,通过影响大面积的物体制造出水波荡漾的效果。单击【创建】按钮进入创建命令面板,单击【空间扭曲】按钮,选择【力】下拉列表中的【几何/可变形】选项,然后单击【涟漪】按钮,其参数面板如图 8-35 所示。

(1)【涟漪】参数设置区。

振幅 1:设置空间扭曲物体在 X 轴向上的振幅。

振幅 2:设置空间扭曲物体在 Y 轴向上的振幅。

波长:设置波动的长度。

相位:设置波动的起伏位置,设定的值越小,产生的波动效果越细微;若设定的值越大,产生的波动效果越强烈。

衰退:设置波动强度衰减的速度,若设定的值越小则产生的衰减速度越慢,若设定的值越大则产生的衰减速度越快。

(2)【显示】参数设置区。

圈数:设置涟漪扭曲物体环形的圈数。

分段:设置涟漪圆周的分段数。

尺寸:设置涟漪圆周的等分数。

6. 波浪

【波浪】与【涟漪】空间扭曲同属一类空间扭曲,可以制作线形波浪效果。【波浪】和【涟漪】的参数设定基本一样,其参数面板如图 8-36 所示。

图 8-35 【涟漪】参数设置面板　　　图 8-36 【波浪】参数设置面板

8.3 制作波浪文字实例

微课：波浪文字

波浪文字的制作让读者能熟练掌握波浪效果的设计，运用波浪文字效果设置举一反三可做延伸动态效果，如红旗飘动、飘带等。

练习制作波浪文字效果，如图 8-37 所示。具体操作步骤如下。

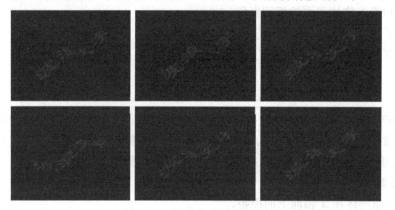

图 8-37　波浪文字效果　　　　　　　　图 8-37 彩图

（1）选择【文件】→【重置】命令，重新设置系统。

（2）单击【创建】按钮，进入创建命令面板，单击【图形】按钮，进入图形创建命令面板，在【文本】下的文本框中输入【波浪文字】4 个字，设置字体为隶书，然后在顶视图中单击鼠标，效果如图 8-38 所示。

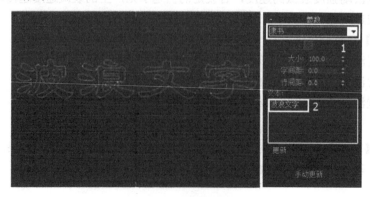

图 8-38　创建文本

(3) 单击【修改】按钮,进入修改命令面板,选择【修改器列表】下拉列表中的【倒角】命令,设置倒角参数后,效果如图 8-39 所示。

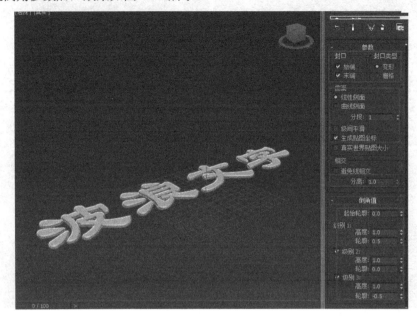

图 8-39 倒角效果

(4) 单击【创建】按钮进入创建命令面板,单击【空间扭曲】按钮,选择【力】下拉列表中的【几何/可变形】选项,单击【波浪】按钮,在顶视图中,创建一个波浪空间扭曲物,如图 8-40 所示。

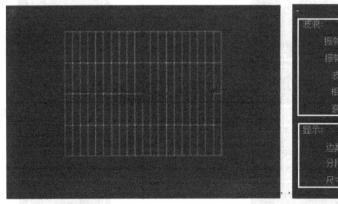

图 8-40 创建并旋转波浪

(5) 单击工具栏中的【绑定到空间扭曲】,用鼠标将文本拖曳到空间扭曲(在此过程中会出现一条连线),将文本绑定到波浪上,效果如图 8-41 所示。

(6) 单击【时间配置】按钮,弹出【时间配置】对话框,设置参数如图 8-42 所示。

(7) 单击操作界面上的【自动关键点】按钮,开始录制动画,将时间滑块移动至第 1 帧,设置第 1 帧处的波浪参数如图 8-43 所示,将时间滑块移动至第 200 帧,设置第 200 帧处的波浪参数如图 8-44 所示,然后单击【自动关键点】按钮,结束录制动画。

(8) 单击工具栏中的【渲染场景对话框】按钮,弹出【渲染场景】对话框,在该对话框中选中【时间输出】参数设置区中的【活动时间段】按钮,然后单击【渲染输出】参数设置区中的【文件】按钮,设置文件的名称、格式和输出路径。

(9)单击【渲染】按钮,波浪文字效果如图 8-37 所示。

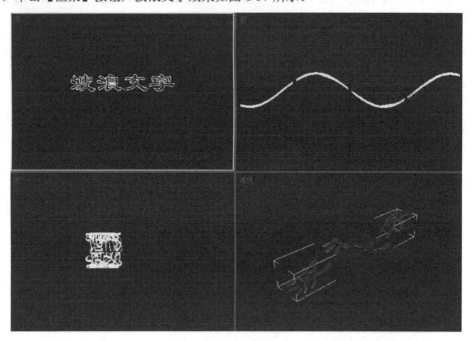

图 8-41 绑定到波浪效果

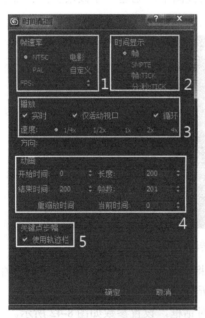

图 8-42 【时间配置】对话框

图 8-43 第 1 帧处的波浪参数

图 8-44 第 200 帧处的波浪参数

8.4 制作烟火效果实例

每到节假日的夜晚,尤其是新年,总少不了烟花的陪伴,五颜六色的烟花

微课:烟火效果

腾空而起美不胜收，每每见到总有一番感慨。在这里就利用 3ds Max 制作一款烟花的效果，在屏幕上显示烟花腾空而起并开始绽放的效果。

练习制作礼花绽放效果，如图 8-45 所示。具体操作步骤如下。

图 8-45　礼花绽放效果

图 8-45 彩图

（1）选择【文件】→【重置】命令，重新设置系统。

（2）单击【创建】按钮，进入创建命令面板，单击【几何体】按钮，进入几何体创建命令面板，选择【标准基本体】下拉列表中的【粒子系统】选项，单击【超级喷射】按钮，在视图中创建一个发射器图标，如图 8-46 所示。

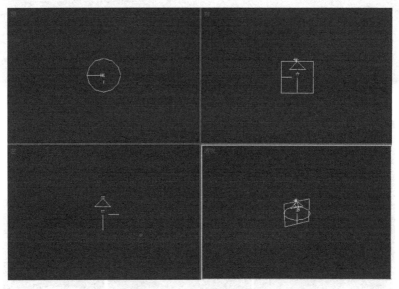

图 8-46　创建发射器图标

（3）单击【修改】按钮进入修改命令面板，在【基本参数】卷展栏中设置【扩散】值为 10，【粒子数百分比】为 50；在【粒子生成】卷展栏中设置粒子运动的【速度】为 20，【粒子大小】为 2，【变化】为 5%；在【粒子类型】卷展栏中选中【粒子类型】参数设置区中的【标准粒子】，然后选中【标准粒子】参数设置区中的【面】选项，如图 8-47 所示。

（4）单击【空间扭曲】按钮，进入空间扭曲命令面板，单击【重力】按钮，在视图中创建一个重力空间扭曲物体，如图 8-48 所示。

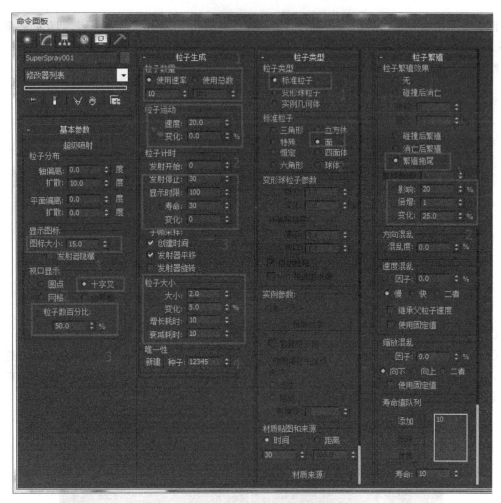

图 8-47 设置【超级喷射】粒子系统参数

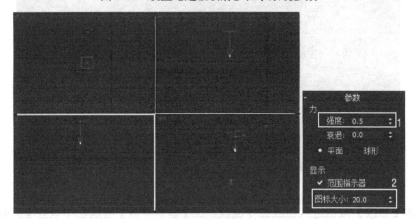

图 8-48 创建重力空间扭曲物体并设置参数

（5）单击工具栏中的【绑定到空间扭曲】按钮，将超级喷射粒子系统绑定到重力空间扭曲，如图 8-49 所示。

（6）单击工具栏中的【选择并移动】按钮，在视图中按住【Shift】键并拖动鼠标，将超级喷射粒子系统复制，总共成 8 个，如图 8-50 所示。

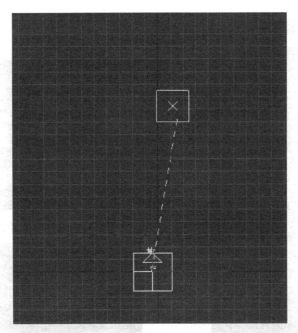

图 8-49 绑定重力空间扭曲

图 8-50 复制超级喷射粒子系统

（7）分别选择各个超级喷射粒子系统，在修改面板中将它们的发射时间、扩散、速度等设置成不同的参数。

（8）单击工具栏中的【材质编辑器】按钮，弹出【材质编辑器】对话框，如图 8-51 所示，单击【Blinn 基本参数】卷展栏中【漫反射】后的颜色块，弹出【颜色选择器】对话框，在其中设置颜色为黄色，如图 8-52 所示，然后在【Blinn 基本参数】卷展栏中设置【自发光】颜色为 100，设置其他参数如图 8-53 所示，并将其指定给一个超级喷射粒子系统。

（9）用同样的方法，选择不同的材质球后，设置它们为不同的颜色，然后将其指定给不同的超级喷射粒子系统。

（10）选择【渲染】→【环境】命令，弹出【环境和效果】对话框，如图 8-54 所示，选择【背景】参数设置区中的【无】选项，弹出【材质/贴图浏览器】对话框，如图 8-55 所示，在其中选择【位图】选项，并为其选择一张名为 "88.JPG" 的位图图片。

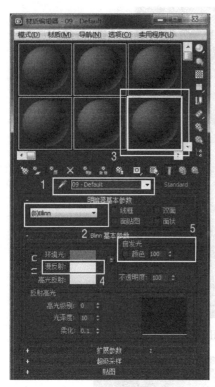

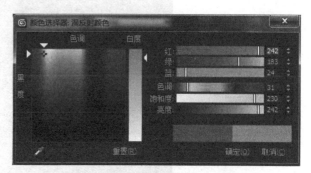

图 8-52 【颜色选择器】对话框

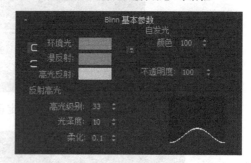

图 8-53 【Blinn 基本参数】卷展栏

图 8-51 【材质编辑器】对话框

图 8-54 【环境和效果】对话框

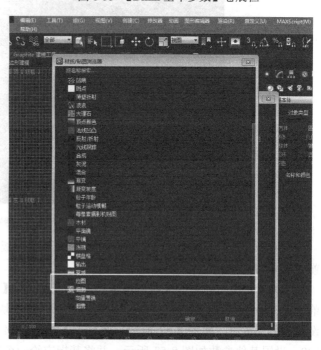

图 8-55 【材质/贴图浏览器】对话框

（11）在视图中选择一个超级喷射粒子系统，然后单击鼠标右键，在弹出的快捷菜单中选择【属性】命令，将会弹出【对象属性】对话框，在【常规】选项卡中的【运动模糊】参数设置区中选择【图像】选项，然后将【倍增】值设置为 0.5，如图 8-56 所示。

（12）设置动画的渲染时间后，单击【渲染】按钮，效果如图 8-45 所示。

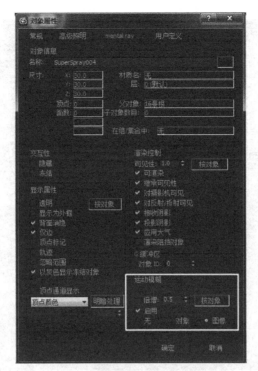

图 8-56 【对象属性】对话框

8.5 制作喷泉粒子效果实例

微课：喷泉粒子效果

大家都喜欢看喷泉吗？五颜六色的喷泉随着音乐舞蹈，舞得那么壮美！但是喷泉只能在外面才能看，怎么在家里也可以看喷泉呢？就让我们利用粒子系统来制作一个喷泉的动画模型吧。

制作喷泉粒子效果的具体操作步骤如下。

（1）在【创建】面板中单击【几何体】按钮，进入面板后，在【标准基本体】下拉列表中选择【粒子系统】选项，在顶视图创建一个超级喷射，并调整参数（参数可自由定），如图 8-57 和图 8-58 所示。

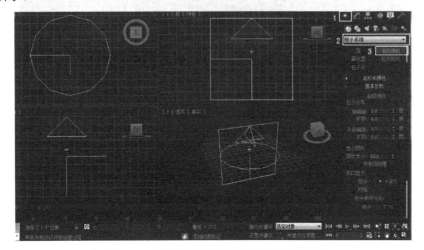

图 8-57 选择【粒子系统】创建超级喷射

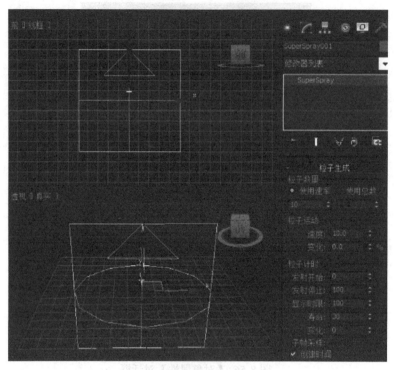

图 8-58　调整【粒子生成】参数

（2）在【创建】面板中单击【空间扭曲】按钮，进入面板后在【力】下拉列表中选择【重力】选项，在顶视图创建一个重力，如图 8-59 所示，并在修改面板中选择【球形】单选按钮，如图 8-60 所示。

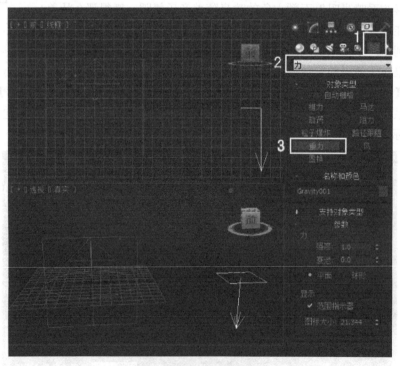

图 8-59　创建【重力】

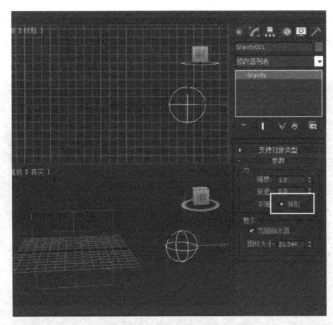

图 8-60 选择【球形】

（3）在工具栏左上角单击【绑定到空间扭曲】按钮，如图 8-61 所示，连接重力和超级喷射，此时在【超级喷射】修改面板就会出现【重力绑定】选项，如图 8-62 所示。

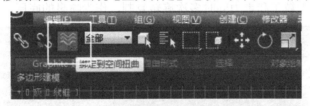

图 8-61 单击【绑定到空间扭曲】按钮

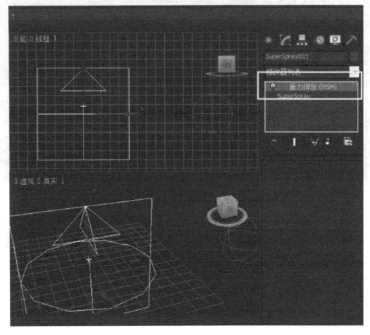

图 8-62 选择【重力绑定】选项

(4)移动调整好重力的位置,此时粒子会绕着重力喷射。接着拖动下面的时间滑块,找到粒子刚好到达地面的帧,并根据所得的帧数在【粒子生成】面板中修改【寿命】值,如图8-63所示。

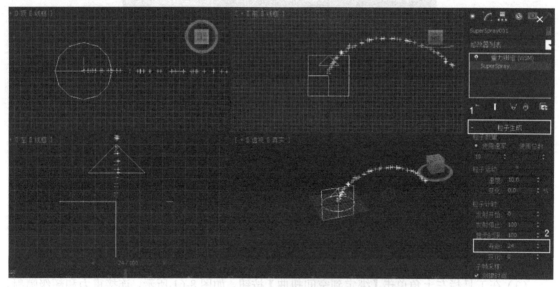

图8-63 修改【寿命】值

(5)在顶视图中把粒子和重力同时多次旋转复制,作为喷泉的底层,如图8-64所示。

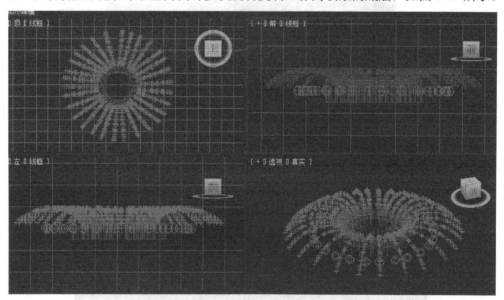

图8-64 把粒子和重力同时多次旋转复制

(6)复制出一组粒子和重力,并在【粒子生成】卷展栏下的【粒子运动】参数设置区中调整粒子的速度(也可自行调整其他参数或重力的位置,不同的参数有不同的效果),如图8-65所示。

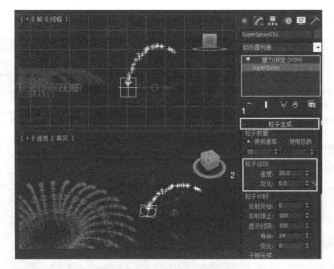

图 8-65　调整粒子的速度

（7）同样多次旋转复制粒子和重力并放到中间，如图 8-66 所示。

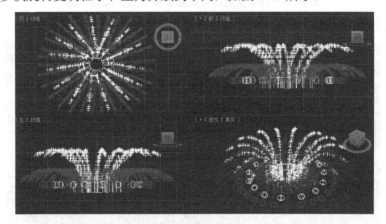

图 8-66　多次旋转复制粒子和重力并放到中间

（8）同样再复制出一组粒子和重力并调整参数，如图 8-67 所示。

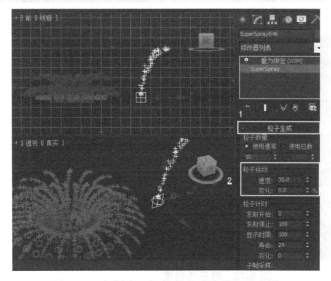

图 8-67　复制出一组粒子和重力并调整参数

（9）再多次旋转复制粒子和重力并放到中间，如图 8-68 所示。

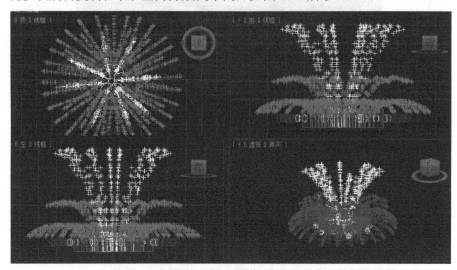

图 8-68　再多次旋转复制粒子和重力并放到中间

（10）最后拖动时间滑块将会有喷泉效果，如图 8-69 和图 8-70 所示。

图 8-69　拖动时间滑块

图 8-70　喷泉效果图

图 8-70 彩图

8.6 制作风吹字特效实例

利用空间扭曲中的爆炸设置,对创建的文字模型进行绑定连接,设置像风一样慢慢把文字模型吹开的特效动画。具体操作步骤如下。　　微课：风吹字特效

(1) 创建文本"风",在【创建】面板中单击【图形】按钮,进入【图形】面板后单击【文本】按钮,接着在【渲染】卷展栏下勾选【在渲染中启用】和【在视口中启用】复选框,并修改【径向】参数厚度为4.0,在【参数】卷展栏下设置【字体】为黑体,【文字大小】为100。最后在前视图中单击鼠标左键,创建出文本图形,接着单击鼠标右键选择【转换为可编辑多边形】命令,如图8-71所示。(另外按F4键为显示边。)

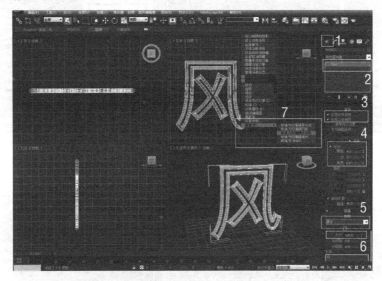

图8-71 创建文本"风"

(2) 进入【边】级别,然后选中较长的边(按住Ctrl键可以加选边),如图8-72所示。

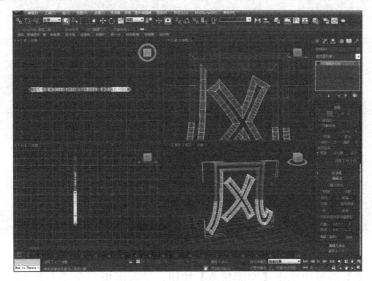

图8-72 进入【边】级别

(3) 在【编辑边】卷展栏下单击【连接】按钮后,设置分段为4,如图8-73所示。

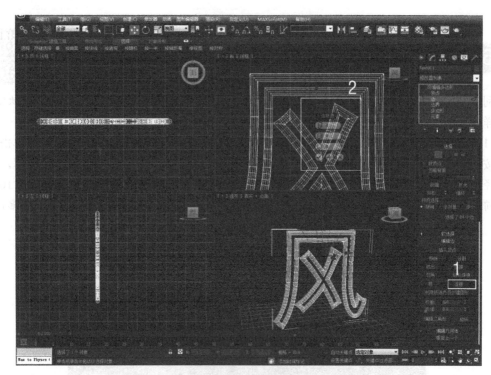

图 8-73 设置分段

（4）继续选择较长的边重复连接，直到边线比较密集，如图 8-74 所示。

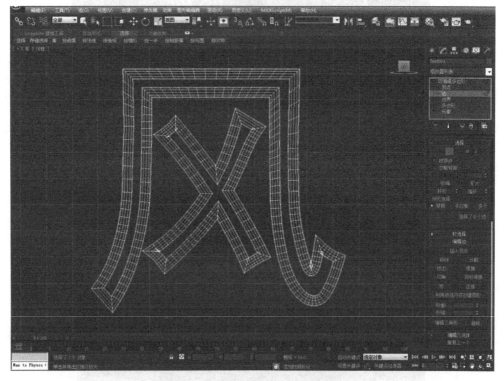

图 8-74 选择较长的边重复连接

（5）在【创建】面板中单击【空间扭曲】按钮，进入面板后在【力】下拉列表中选择【几何/可变形】选项，单击【爆炸】按钮，在前视图中单击鼠标左键，创建一个爆炸，如图 8-75

所示。

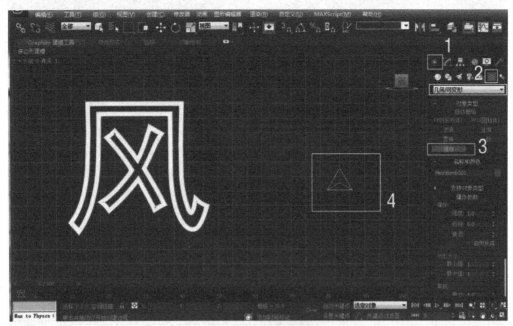

图 8-75 创建爆炸

（6）单击工具栏中的【绑定到空间扭曲】按钮，将"风"和"爆炸"绑定在一起，如图 8-76 所示。（单击鼠标左键按住"风"字不松手，移动到"爆炸"即可）

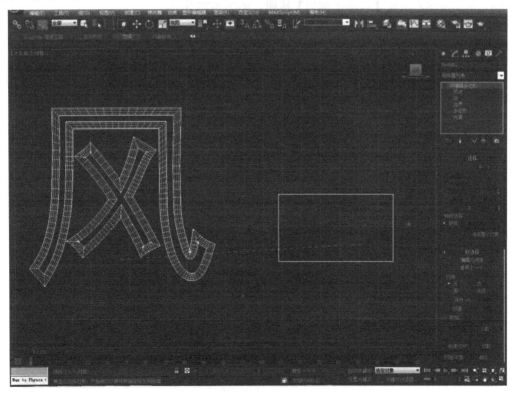

图 8-76 绑定"风"和"爆炸"

（7）在【修改】面板中设置【爆炸参数】卷展栏下【常规】重力值为 0，如图 8-77 所示。

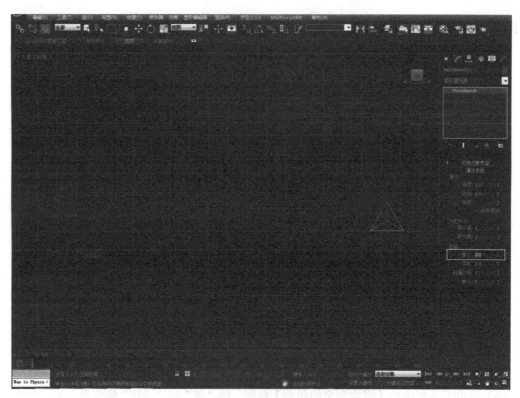

图 8-77 设置【常规】重力值为 0

（8）单击视图右下角【自动关键帧】按钮，如图 8-78 所示。

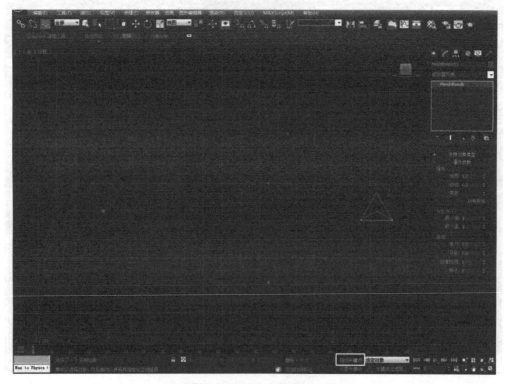

图 8-78 单击【自动关键帧】按钮

（9）用鼠标拖动到第 10 帧，将"爆炸"移动到如图 8-79 位置。

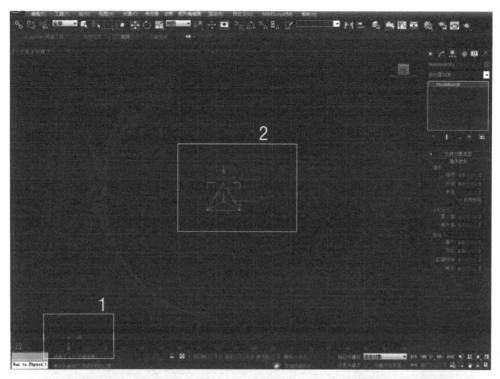

图 8-79 移动爆炸

（10）用鼠标将其拖动到第 30 帧，然后移动"爆炸"，并修改【爆炸参数】强度值为 0.675，参数设置如图 8-80 所示。

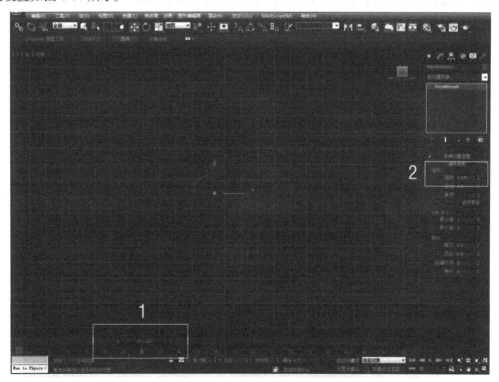

图 8-80 修改【爆炸参数】

（11）打开【材质编辑器】对话框，给"风"添加一个材质。在【明暗器基本参数】中选择

【金属】选项,【漫反射颜色】为红 255、绿 204、蓝 0、色调 34、饱和度 255、亮度 255,【反射高光】中高光级别 359,光泽度 10,如图 8-81 所示。

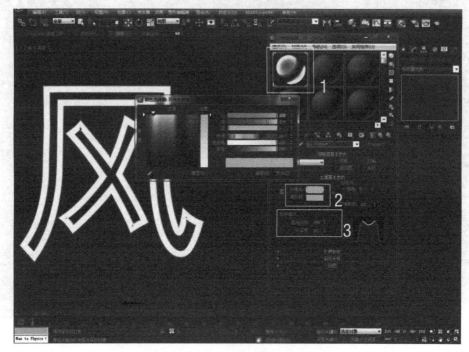

图 8-81 设置【明暗器基本参数】

(12)在【材质编辑器】下选择【贴图】卷展栏的【反射】选项,并在【反射】贴图通道中添加【光线追踪】效果,如图 8-82 所示。

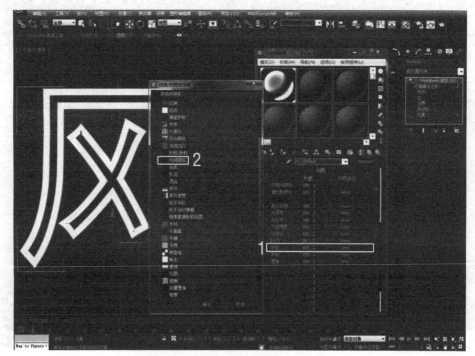

图 8-82 编辑【材质编辑器】

(13)选择菜单栏【渲染】下的【Video Post】命令,在弹出的窗口单击【添加场景事件】

按钮,视图为"前",单击【确定】按钮,如图 8-83 所示。

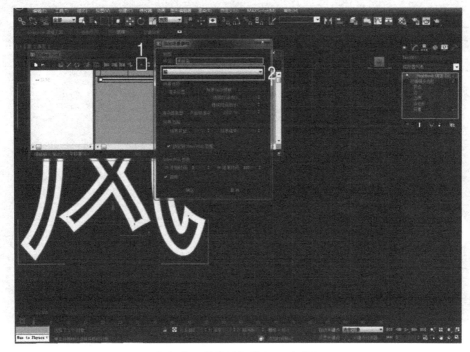

图 8-83 单击【添加场景事件】

(14)单击【添加图像过滤事件】按钮,在【过滤器插件】中选择【镜头效果光晕】,单击【设置】按钮,出现【镜头效果光晕】对话框,勾选【对象 ID】复选框,设置值为 1,单击【确定】按钮,如图 8-84 所示。

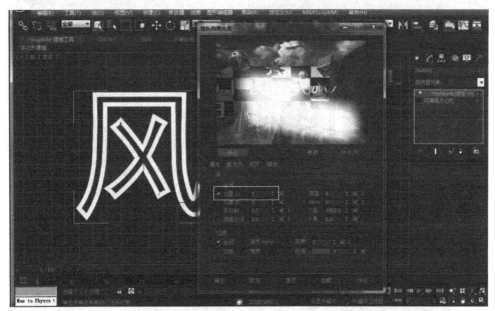

图 8-84 勾选【对象 ID】复选框

(15)选中"风",单击鼠标右键,在弹出的快捷菜单中选择【对象属性】命令,如图 8-85 所示。

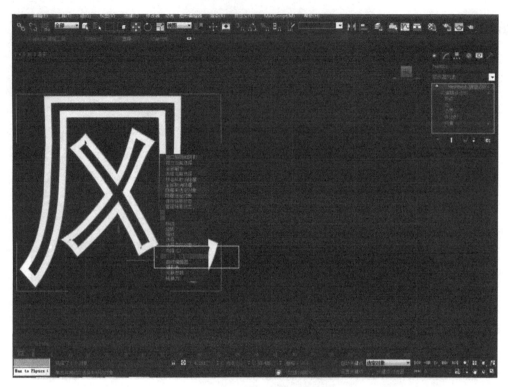

图 8-85 选择【对象属性】命令

(16) 在弹出的【对象属性】对话框中,将【对象 ID】的值修改为 1,如图 8-86 所示。

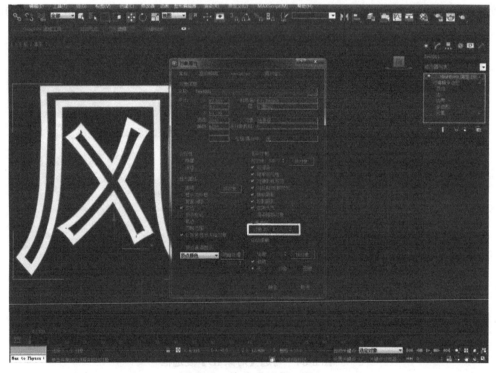

图 8-86 修改【对象 ID】

(17) 打开【Video Post】界面,单击【执行序列】按钮,如图 8-87 所示,完成制作风吹字特效,最终效果图如图 8-88 所示。

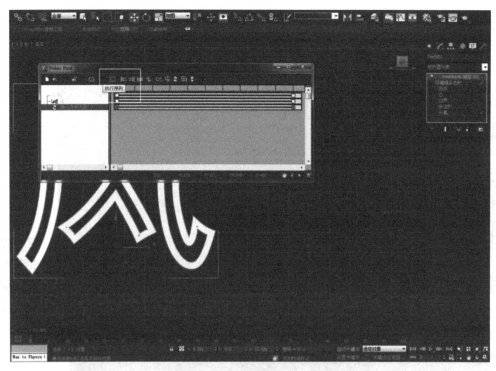

图 8-87　单击【执行序列】按钮

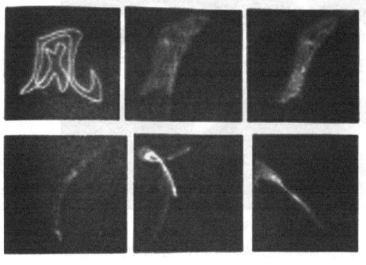

图 8-88　风吹字最终效果图

图 8-88 彩图

本章小结

本章主要对特效粒子系统与空间扭曲对象进行了详细的讲解，通过一些实际案例向读者讲解了特效粒子系统与空间扭曲对象的应用。读者可以将本章内容进行举一反三，加强设计创意表现，制作一些更好的影视和游戏特效效果。

拓展任务

1. 利用特效粒子系统与空间扭曲完成功能如图 8-89 所示的下雨特效效果。

图 8-89　下雨特效效果图　　　　　　　　　 图 8-89 彩图

2. 利用特效粒子系统与空间扭曲功能完成如图 8-90 所示的粒子爆炸特效效果。

图 8-90　粒子爆炸特效效果图　　　　　　　 图 8-90 彩图

3. 利用特效粒子系统与空间扭曲功能完成如图 8-91 所示的文字破碎特效效果。

图 8-91　文字破碎特效效果图　　　　　　　 图 8-91 彩图

第 9 章　游戏角色设计综合实例

本章将通过综合实例完整讲解游戏角色动画的制作。在进行角色动画制作前,首先要对三维游戏角色进行设计,并对角色的模型制作、材质贴图的绘制和骨骼进行设定并做好蒙皮权重效果,最后制作完成三维游戏角色动画效果。

【学习目标】
(1) 了解三维角色造型的制作过程;
(2) 掌握卡通模型的 UV 展开和贴图绘制过程;
(3) 熟悉角色动画的骨骼装配和蒙皮设置。

9.1　卡通角色建模实例

在制作角色之前先对原画进行分析,包括角色的形体比例结构、服装的材质等,原画如图 9-1 所示。

微课:卡通角色建模

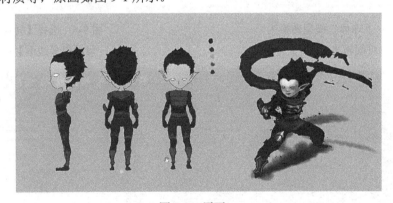

图 9-1　原画

图 9-1 彩图

9.1.1　制作头部

(1) 首先在 3ds Max 中创建一个分段数为 16 的 "球体" 模型并进行 "球体" 模型的参数设置,分别如图 9-2 和图 9-3 所示。

(2) 把 "球体" 模型转换为可编辑多边形,并选择【转换为可编辑多边形】命令,如图 9-4 和图 9-5 所示。

(3) 利用快捷键【Q】选择、【W】移动、【E】旋转和【R】缩放,调整球体为头部形状,如图 9-6 所示。

(4) 单击鼠标右键,在弹出的快捷菜单中选择【剪切】命令,根据鼻子的大致形状,用【剪切】命令制作出角色的鼻子,如图 9-7 和图 9-8 所示。

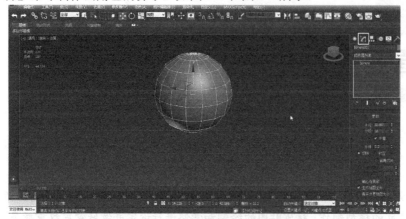

图 9-2 创建"球体"模型

图 9-3 模型参数

图 9-4 "球体"模型转换为
可编辑多边形

图 9-5 选择【转换为
可编辑多边形】命令

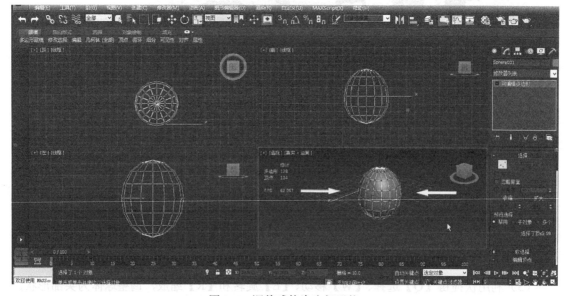

图 9-6 调整球体为头部形状

(5)通过【顶点】命令移动调整物体外形,分别如图 9-9 和图 9-10 所示。

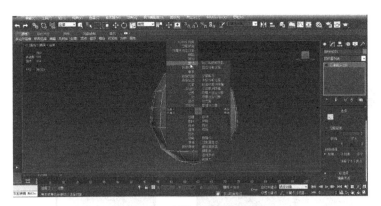
图 9-7 制作出角色的鼻子

图 9-8 用【剪切】命令制作出角色的鼻子

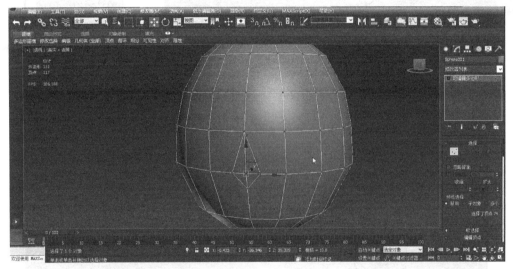
图 9-9 通过【顶点】命令移动调整物体外形（1）

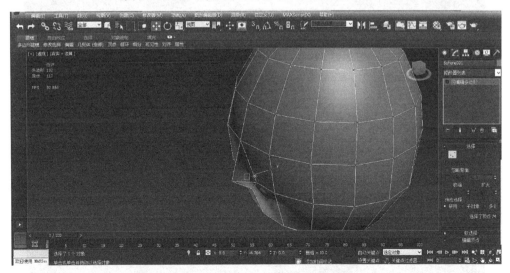
图 9-10 通过【顶点】移动调整物体外形（2）

（6）继续使用【剪切】工具制作出眼部位置与嘴部位置，然后在模型【修改器】面板中选择【对称】工具对模型进行对称处理，如图 9-11 和图 9-12 所示，移动对称中心调整对称位置，

- 211 -

如图 9-13 和图 9-14 所示。

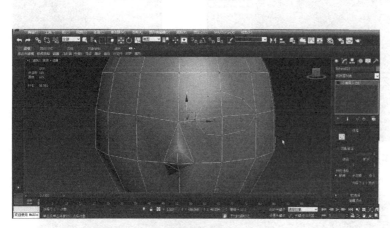

图 9-11　选择【对称】工具对模型　　　　　图 9-12　选择【对称】工具对模型
　　　　　进行对称处理（1）　　　　　　　　　　　　进行对称处理（2）

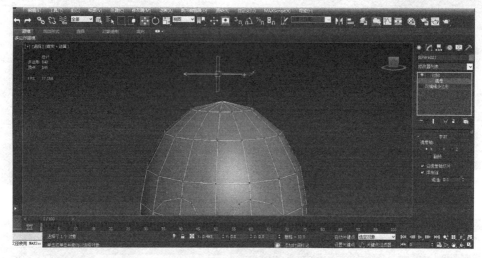

图 9-13　移动对称中心调整对称位置（1）

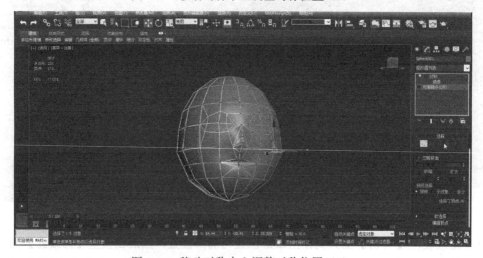

图 9-14　移动对称中心调整对称位置（2）

（7）利用【多边形】工具选择全选模型，使用【光滑组】工具统一多边形，让头部模型看上去光滑，如图 9-15 所示。

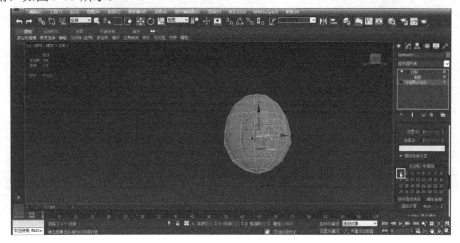

图 9-15　使用【光滑组】工具统一多边形

（8）利用【插入】和【挤出】工具，制作出角色的颈部，如图 9-16 和图 9-17 所示。

图 9-16　利用【插入】和【挤出】　　　　图 9-17　利用【插入】和【挤出】
　　　工具制作出颈部（1）　　　　　　　　　　工具制作出颈部（2）

（9）根据上述几个步骤的方法，继续制作完整的角色头部，包括头发，耳朵等，注意模型的布线。制作头发的步骤如图 9-18～图 9-22 所示；制作耳朵的步骤如图 9-23～图 9-28 所示。

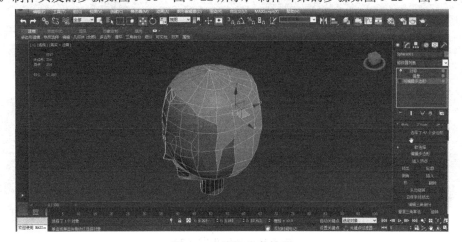

图 9-18　选取头发的面

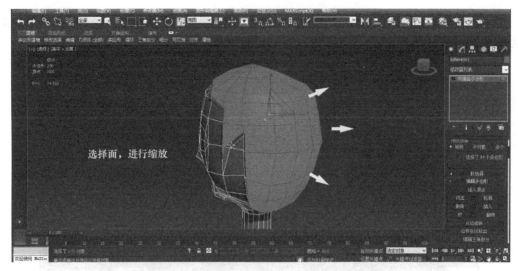

图 9-19 制作头发（1）

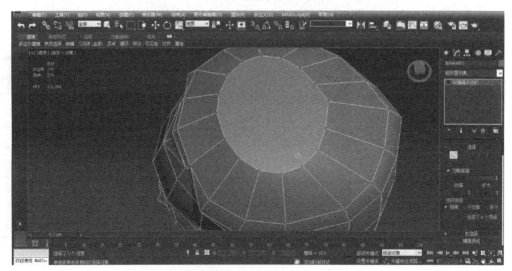

图 9-20 制作头发（2）

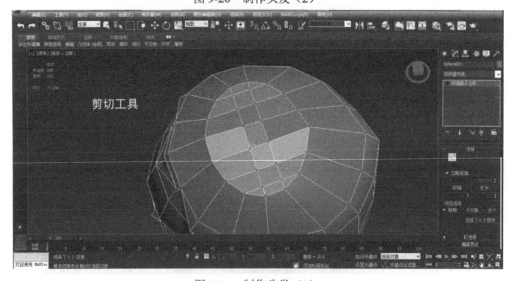

图 9-21 制作头发（3）

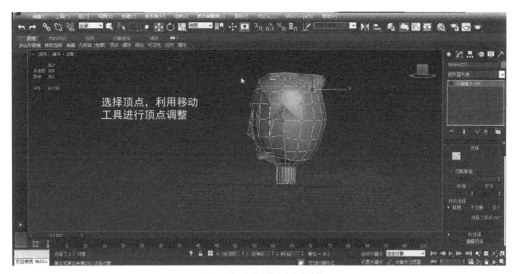

图 9-22　制作头发（4）

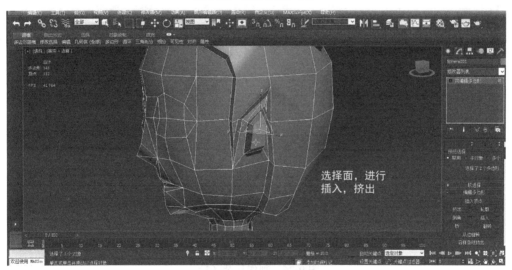

图 9-23　选取耳朵的面

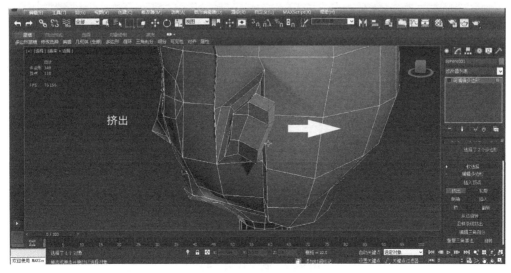

图 9-24　制作耳朵（1）

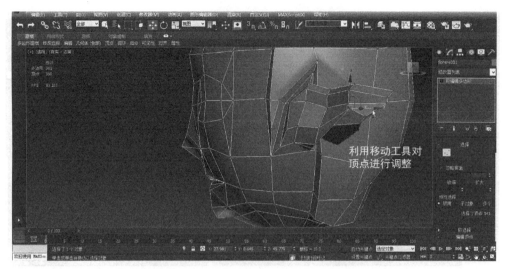

图 9-25 制作耳朵（2）

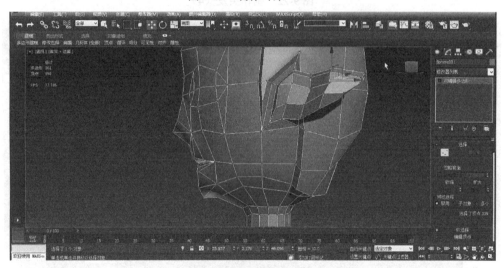

图 9-26 制作耳朵（3）

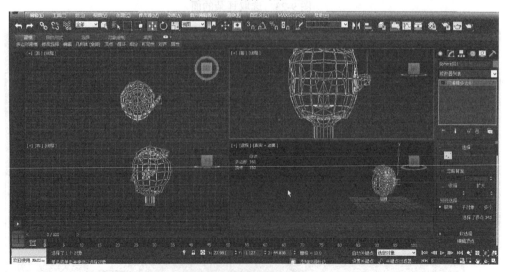

图 9-27 制作耳朵（4）

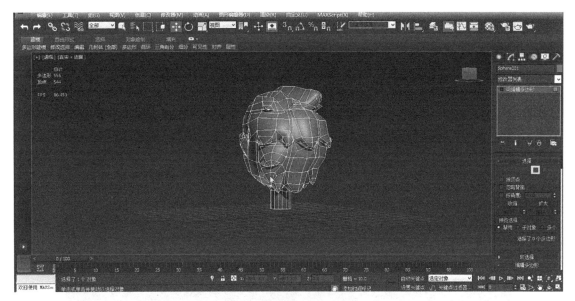

图 9-28　制作耳朵（5）

9.1.2　制作躯干

（1）卡通角色的身体与头长的比例大致为 3∶1，呈头大身小的特征。建立一个长/宽/高度分段数分别为 4、3、3 的"长方体"模型，设置长方体参数，如图 9-29 和图 9-30 所示。

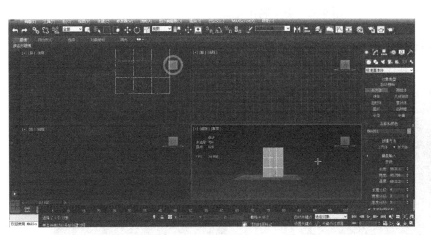

图 9-29　制作长方体　　　　　　　　　　图 9-30　设置长方体参数

（2）将长方体转换为可编辑多边形，调整模型的顶点与布线，制作出身体上部形状，步骤如图 9-31 和图 9-32 所示。

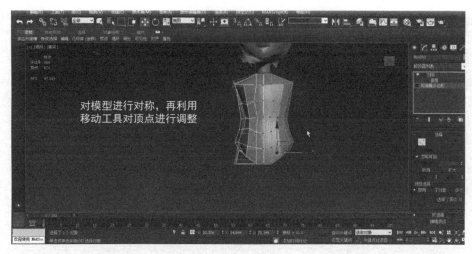

图 9-31 调整模型

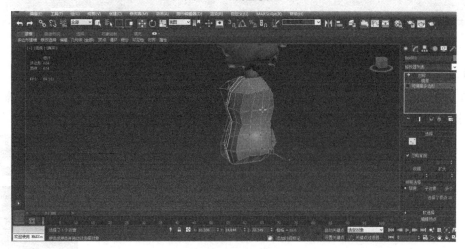

图 9-32 躯干制作完成

9.1.3 制作手臂模型

(1) 利用【剪切】工具在臂部位置剪切出一个六边以上的多边形,如图 9-33 所示。

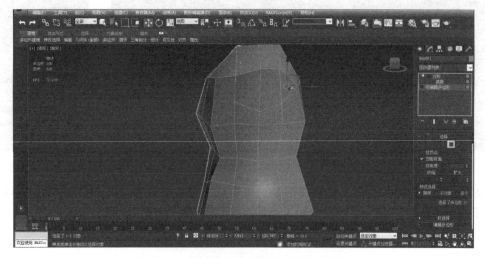

图 9-33 用【剪切】工具剪切出多边形

（2）手臂的长短与真实手臂基本相同，如果下臂为 1，那么上臂的比例为 1+1/3，手的长度为 1-1/3，通过多边形挤出并旋转缩放，制作出手臂，步骤如图 9-34 和图 9-35 所示。

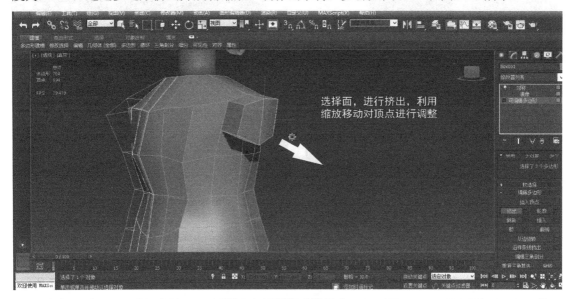

图 9-34　制作手臂（1）

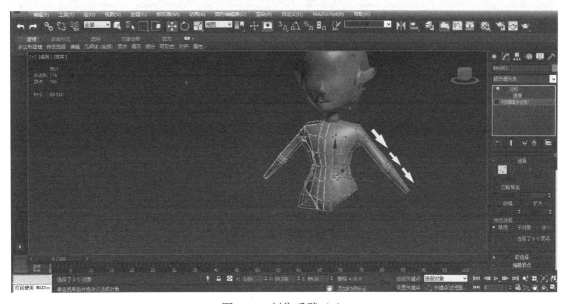

图 9-35　制作手臂（2）

9.1.4　制作手指模型

（1）手指的长度是从手背的骨点到第一节指的长度，首先制作食指，如图 9-36 所示。

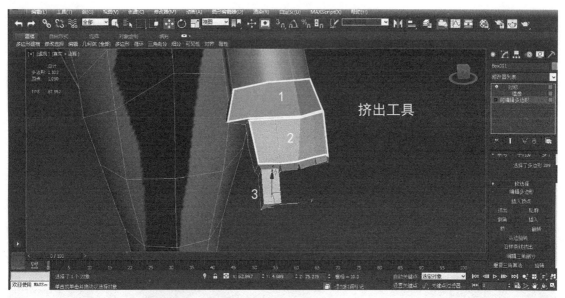

图 9-36　挤出手指（1）

（2）大拇指与其他手指的指向不同，与其他手指大概成 30°～40°的夹角，如图 9-37 所示。

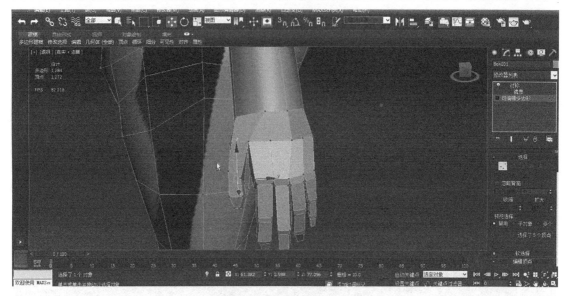

图 9-37　制作手指（2）

9.1.5　制作腿部模型

腿部的制作方法与臂部制作方法相同。腿部的比例关系是：从耻骨到膝盖下的长度等于从膝盖下到脚底板的长度。腿的形态整体向后倾斜，制作腿部步骤分别如图 9-38～图 9-41 所示。

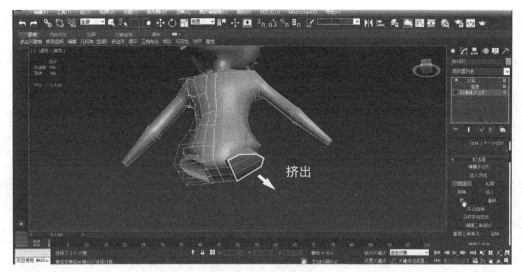

图 9-38 挤出腿部

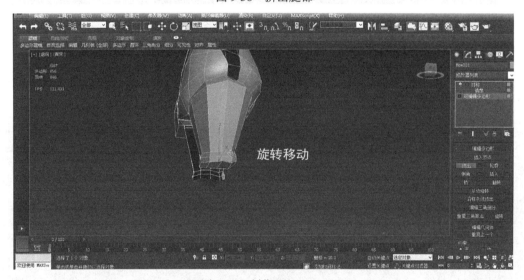

图 9-39 制作腿部（1）

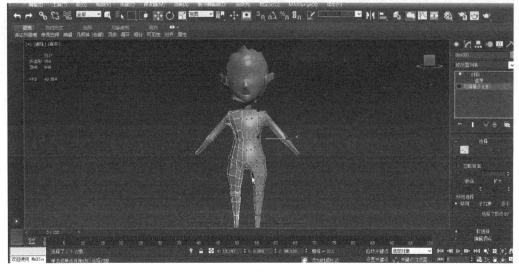

图 9-40 制作腿部（2）

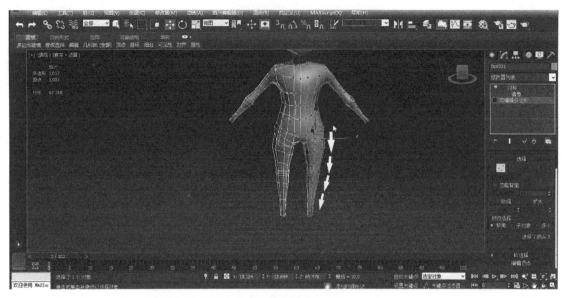

图 9-41 制作腿部（3）

9.1.6 制作脚部的模型

根据原画，角色脚上穿着鞋子，注意脚底板与鞋跟位于同一条水平线上，制作脚部步骤分别如图 9-42 和图 9-43 所示。

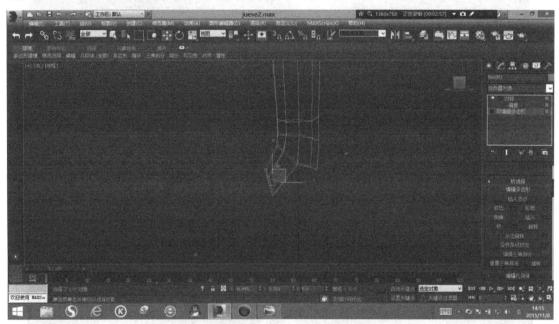

图 9-42 制作脚部（1）

图 9-43 制作脚部（2）

9.1.7 头部与躯干连接

将建好的头部放在建好的躯干正中上方位置，选择躯干模型，利用【附加】工具选择头部并附加，选择头部与躯干要连接的面，选择【桥】选项，其步骤分别如图 9-44～图 9-47 所示。

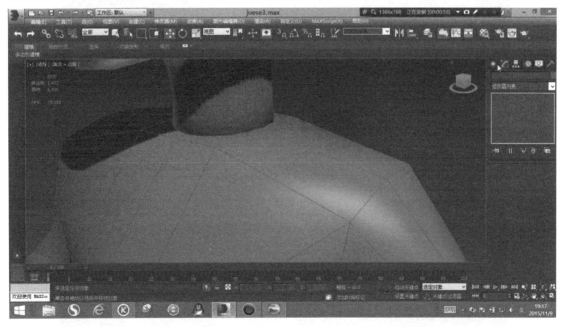

图 9-44 连接头部与躯干（1）

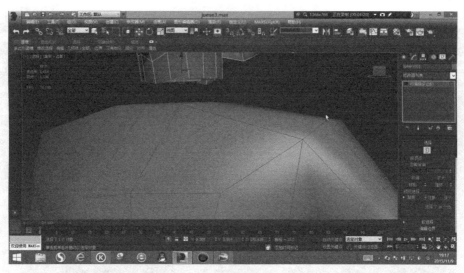

图 9-45　连接头部与躯干（2）

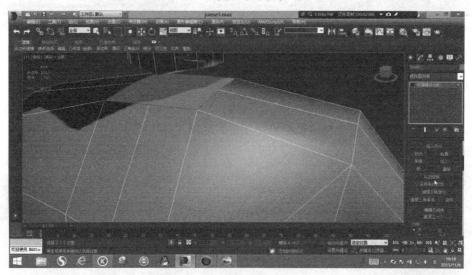

图 9-46　连接头部与躯干（3）

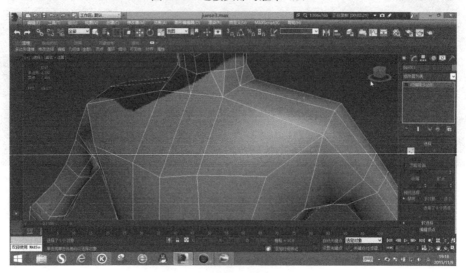

图 9-47　连接头部与躯干（4）

9.1.8 角色装备制作

(1) 选择身体的部分面,单击【分离】按钮,在弹出的对话框中勾选【分离到元素】及【以克隆对象分离】复选框,如图 9-48~图 9-50 所示,然后把分离出来的面移动缩放,再次单击【分离】按钮,这次取消选择全部选项。

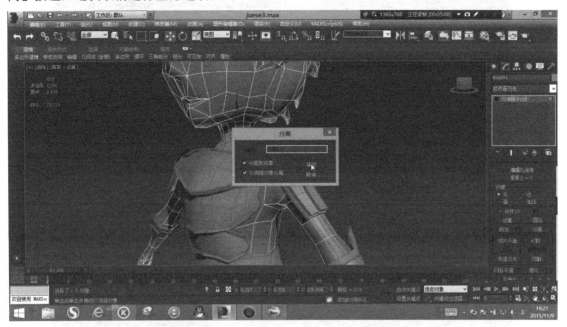

图 9-48 勾选【分离到元素】及【以克隆对象分离】复选框

图 9-49 单击【分离】按钮　　图 9-50 【分离】对话框

(2) 选择要分离出来的面,选择【插入】与【挤出】修改命令,制作出装备的外形。用同样的方法将其他装备也制作出来,并进行细化,其制作步骤分别如图 9-51~图 9-60 所示。

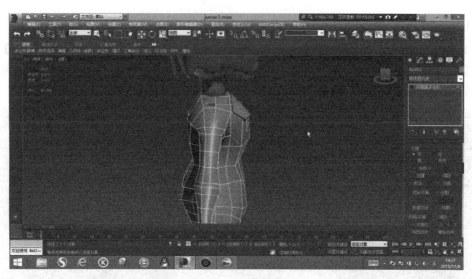

图 9-51 制作角色装备（1）

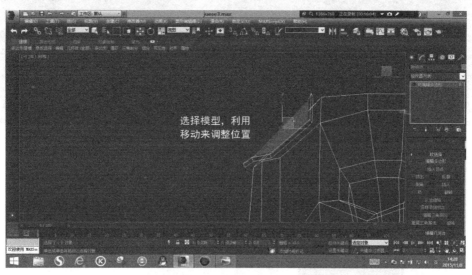

图 9-52 制作角色装备（2）

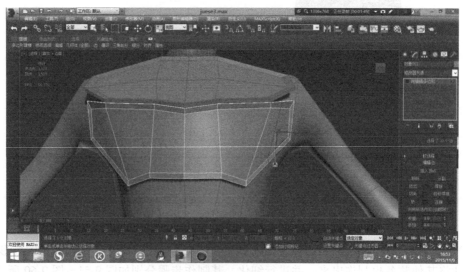

图 9-53 制作角色装备（3）

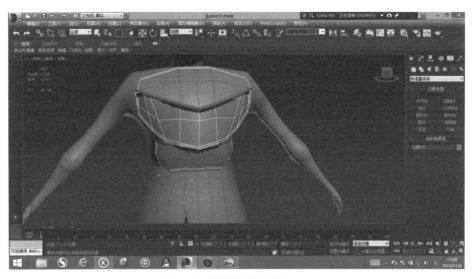

图 9-54　制作角色装备（4）

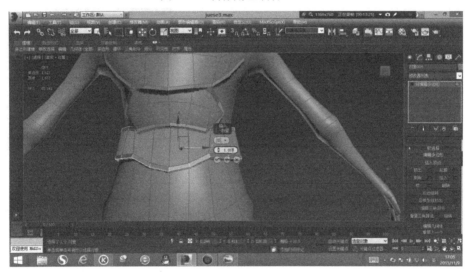

图 9-55　制作角色装备（5）

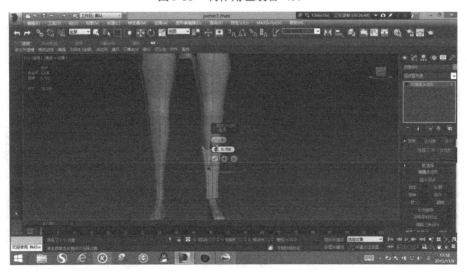

图 9-56　制作角色装备（6）

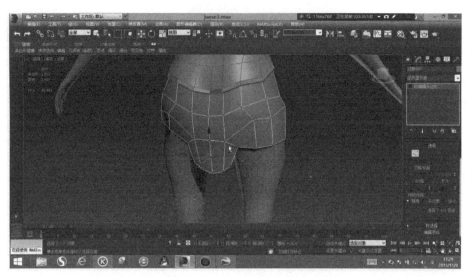

图 9-57 制作角色装备（7）

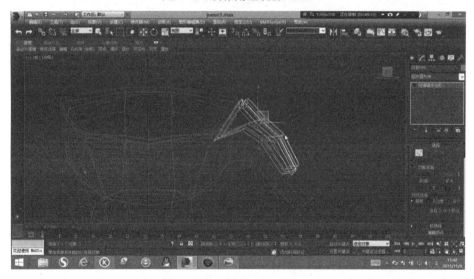

图 9-58 制作角色装备（8）

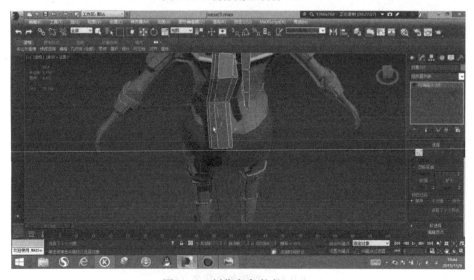

图 9-59 制作角色装备（9）

第 9 章 游戏角色设计综合实例

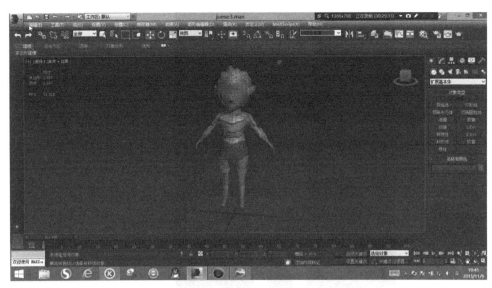

图 9-60 制作角色装备完成　　　　　　　　　　　　　　　图 9-60 彩图

9.1.9 模型完成

最终模型正面效果如图 9-61 所示，侧面效果如图 9-62 所示，背面效果如图 9-63 所示。

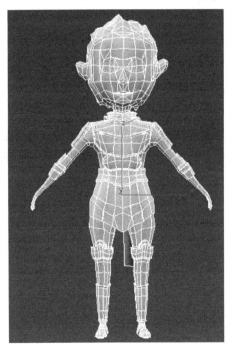

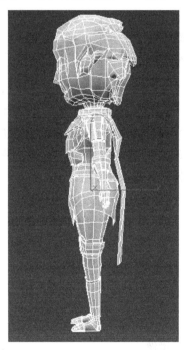

图 9-61 模型正面效果图　　　　　　　图 9-62 模型侧面效果图

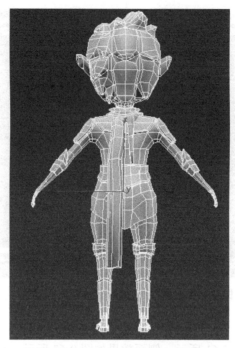

图 9-63　模型背面效果图

9.2　绘制卡通角色 UV 与贴图实例

9.2.1　使用 Headus UVLayout 工具进行 UV 拆分

微课：卡通角色 UV 与贴图

Headus UVLayout 是一款专门用来拆 UV 的软件，使用起来相当顺手，和 3ds Max 比起来最大的手感差别在于这款软件是通过快捷建配合直接移动滑鼠来动作的，所以在编辑的时候是用鼠标滑的，而不再是点点拉拉，用起来相当奇妙。而且它的自动摊 UV 效果又平均又美。

1．UVLayout 常用快捷键

ED 模式下快捷键说明如下。

"左键"：旋转视图。

"中键"：移动视图。

"右键"：缩放视图。

"空格＋中键"：移动物体。

镜像物体：单击左边工具栏"Symmetry"→"Find"找到物体镜像位置，按"左键＋空格"完成镜像。

"HOME"：显示完整物体，或将鼠标所指的位置设为中心点。

"D"：将物体投放到 UV 模式。

"1"：UV 模式。

"2"：ED 模式。

"3"：3D 模式。

"C"：选择切线。

"W"：取消切线。

"Enter"：设置完切线，按"Enter"键切下物体。

"Shift+S"：单独给一个物体切开一个边。

2．VU 模式

解算模式"O""C""N"：在左边菜单栏"Display"后边的"O""C""N"3 种不同的解算方式。

"F"：在物体上按"F"键直接给物体进行解算。

"Shift+F"：给单独一个物体进行解算。

"Shift+空格+F"：将挤在一起的面展平，UV 不会重叠在一起。

"Run For"：在空白处按"F"键框选所有物体，在左边菜单栏单击【Run For】按钮进行解算。

"T"：选择边按原模型进行解算防止面的重叠。

"Shift+T"：选择整条边，取消整条边。

"S"：将已经解算好的物体另一半进行镜象解算与摆放。

"空格+左键"：旋转物体。

"空格+中键"：移动物体。

"空格+右键"：缩放物体。

"C"：将 UV 切开。

"W"：给临近的面打上红边作为标记，如果两个边相隔很近就会合并。

"M"：将打好红边的物体移动到一起，按"Enter"键执行焊接。

"C"：切开口 UV 线。

"W"：缝合 UV 和给边线打上红色标记，再按"M"键进行靠近。

"M"：将都有红线的两个 UV 进行靠近，执行靠近按"Enter"键将相近部分粘合。

"Shift+_/+"：缩放 UV 上的红线网格。

"H"：隐藏所选区域。在空白处按"H"键："左键"选择隐藏区域；"右键"隐藏选择之外的区域；"U"取消所有隐藏；"S"反向；"G"隐藏 Mark。

"P"钉子：按"P"键，将 UV 钉住在两端双击"P"在绿边上一端先打一个钉，在另一端再打一个钉，双击两端之间的区域，此区域将会布满钉子。

"Shift+P"：解除钉子。

"空白处按 Shift+P"："左键"选择的物体将被打上钉子，"右键"取消选择。

用钉子先把物体做成方型，可进行方型 UV 解算。

"S"：在物体边线上的一端打个点，另一端再打一个点，在此两端点区域内双击"S"可把线拉直。

"Ctrl+中键或右键"：移动直线点。

"A"：粘滞图标。可使别的点对准粘滞图标 U 轴和 V 轴上，这对要分成正方型的 UV 非常有用。

"Ctrl+中键或右键"：移动点。

"R"：笔刷。

"X"：笔刷。

"O"：笔刷。

"Shift+中键或右键"：单独调整区域。

"Ctrl+Shift"：软选择笔刷。

"4"、"5"、"6":扩大缩小 UV 笔刷命令,显示在左边菜单"Display"下边。

"G":选择 Mark。空白处按"G"键,"左键"框选 Mark,"右键"取消框选,"F"将所有 UV 进行 Mark,在 UV 上按"G"键以笔刷方式选择 Mark,在选中的 Mark 区域双击"G"相临的区域将被选中。

"Shift+双击 G":相临的区域将被取消。

"H":将会把选择的 Mark 隐藏。

"P":被 Mark 的物体上钉钉子。

"Enter":在 Mark 以后,按"Enter"键可将 Mark 后的 UV 分出来。

"S":反向 Mark。

"空白处按 G":选择 U 取消所有 Mark。

"_+":在空白区域按"G"键扩展或缩小 Mark 区域。

"Shift+G":以笔刷方式取消 Mark。

"L":锁定。空白处按"L"键,"左键"选择锁定,"S"反向,"U"取消所有锁定。

9.2.2 UV 展开

很多人都问,分 UV 的概念是什么?分 UV 有什么用处?举个例子,比如要做一个人头模型,要往上面贴贴图,3ds max 不具备直接在三维模型上画图的功能,所以要把三维模型展开,展成一个平面,就相当于把脸皮撕下来展平,然后才能在 Photoshop 等二维软件里画图。

1. 进行 UV 展开的操作

(1) 打开 3ds Max 角色文件,选择身体模型,把模型导出为 obj 格式,如图 9-64 和图 9-65 所示。

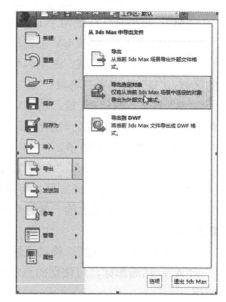

图 9-64　导出为 obj 格式　　　　　图 9-65　导出 obj 格式

(2) 打开 UVLayout 工具,导入角色模型 obj 文件,如图 9-66 所示,若弹出不能导入的错误提示,则应在导入时选择【Clean】选项。如图 9-67 和图 9-68 所示。

图 9-66　导入角色模型 obj 文件

图 9-67　不能导入的错误提示

图 9-68　导入时选择【Clean】选项

（3）利用 UVLayout 的快捷键，对模型进行 UV 展开，再导出保存 obj 格式，如图 9-69～图 9-71 所示。

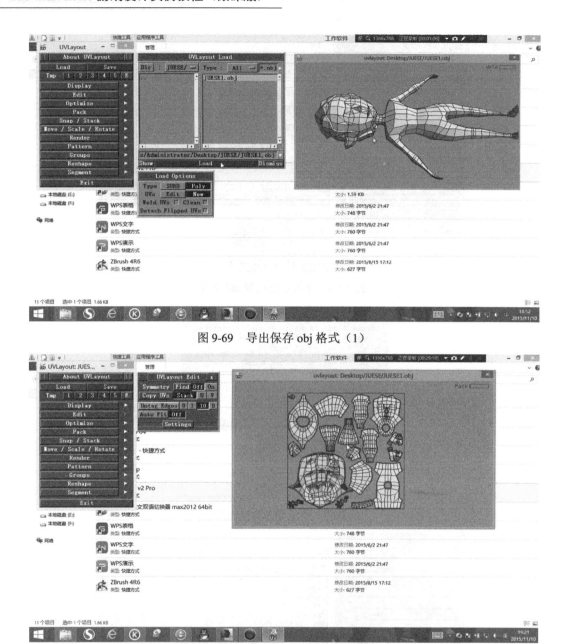

图 9-69　导出保存 obj 格式（1）

图 9-70　导出保存 obj 格式（2）

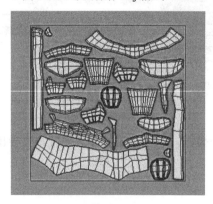

图 9-71　对模型进行 UV 展开

（4）在 3ds Max 中导入展开好 UV 的.obj 文件，如图 9-72 和图 9-73 所示，并把模型转换为可编辑多边形，如图 9-74 和图 9-75 所示，在【修改器】中选择【UVW 展开】命令，如图 9-76 和图 9-77 所示，单击【打开 UV 编辑器】按钮，如图 9-78 和图 9-79 所示，此时可以看到 UV 已经展开好，如图 9-80 和图 9-81 所示，在【UV 编辑器】中选择【工具】→【渲染 UVW 模板】命令，保存 UV 为 tga 格式，如图 9-82～图 9-84 所示。用同样的方法导出装备的 UV。

图 9-72　导入展开好 UV 的.obj 文件（1）

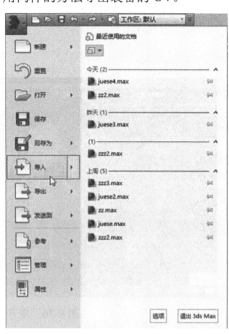

图 9-73　导入展开好 UV 的.obj 文件（2）

图 9-74　转换为可编辑多边形（1）

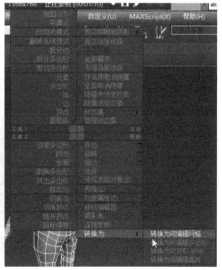

图 9-75　转换为可编辑多边形（2）

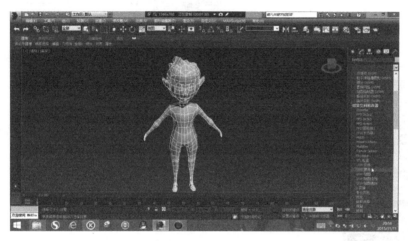

图 9-76　展开 UV（1）　　　　　　　　图 9-77　展开 UV（2）

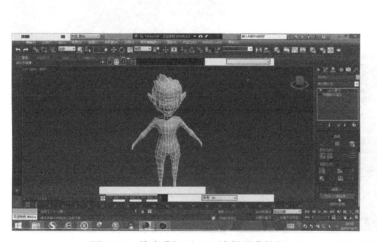

图 9-78　单击【打开 UV 编辑器】按钮（1）　　图 9-79　单击【打开 UV 编辑器】按钮（2）

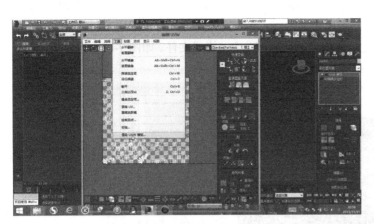 

图 9-80　选择【渲染 UVW 模板】命令（1）　　图 9-81　选择【渲染 UVW 模板】命令（2）

图 9-82　保存 UV 为 tga 格式　　　　　　　图 9-83　【渲染贴图】面板

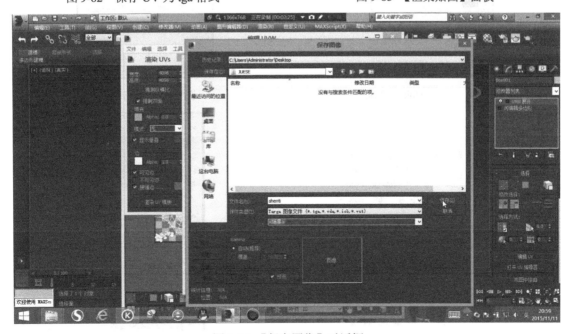

图 9-84　【保存图像】对话框

（5）用 Photoshop 软件打开 tga 文件，如图 9-85 和图 9-86 所示，在通道选项中按"Ctrl＋左键"选择 Alpha1 通道。返回图层，新建一个图层，并填充选择，在新建图层下，再新建一空白图层，需要绘制的也需新建一个图层，完成绘制后保存为 jpg 格式文件。如图 9-87～图 9-91 所示。

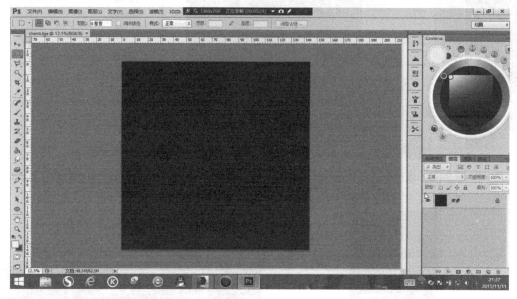

图 9-85　用 Photoshop 软件打开 tga 文件

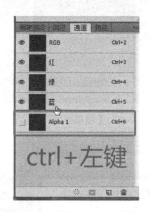

图 9-86　选择 Alpha1 通道

图 9-87　填充图层

图 9-88　填充图层

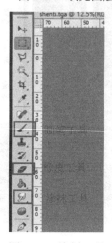

图 9-89　绘制工具

图 9-90　贴图（1）　　　　　　　图 9-91　贴图（2）

（6）在 3ds Max 中按快捷键【M】打开【材质编辑器】对话框，选择【精简模式】，选择材质【Ink'n Paint】，在亮区与暗区选择【贴图】→【位图】模式，路径为绘制好的贴图。最后附与模型，步骤分别如图 9-92～图 9-95 所示。

图 9-92　打开【材质编辑器】对话框

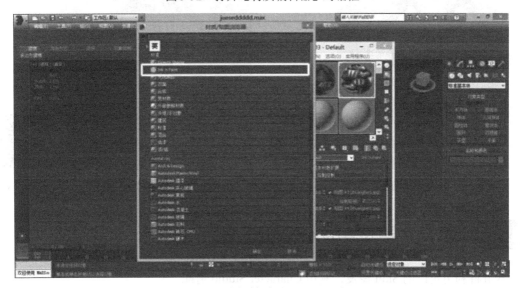

图 9-93　选择材质【Ink'n Paint】

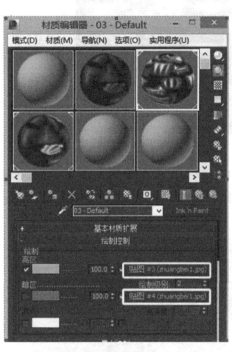

图 9-94 选取【贴图】

图 9-95 选择【位图】选项

（7）最终渲染效果图如图 9-96 和图 9-97 所示。

图 9-96 渲染效果图正面　　图 9-96 彩图

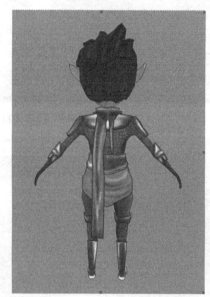

图 9-97 渲染效果图背面　　图 9-97 彩图

9.3 卡通角色蒙皮与动作设计实例

本节将利用角色的 Skin 蒙皮，利用 Character Studio 适配角色和制作角色的步行动作。

微课：卡通角色蒙皮与动作设计

第9章 游戏角色设计综合实例

Character Studio 是 3ds Max 的一个极重要的插入模块,它主要用来模拟人物及二足动物的动作。Character Studio 由两个主要部分组成,即 Biped 及 Physique。Biped 是新一代的三维人物及动画模拟系统,用于模拟人物及任何二足动物的动画过程。用 Biped 来简单地设计步迹即可使人物走上楼梯,或跳过障碍,或按节拍跳起舞来。更为奇妙的是可以把一种运动模式复制到任意一种二足动物身上而不需要做重复的工作。这样对于诸如集体舞蹈之类的创作就变得轻而易举了。

卡通角色蒙皮与动作设计具体操作步骤如下。

（1）在调整角色的基础骨骼之前,首先要把角色的全部模型选中并冻结,以便在调整角色骨骼的过程中不会误选模型。具体方法：选中角色模型,进入【显示】面板,取消勾选【以灰色显示冻结对象】复选框,从而使角色的模型显示出真实颜色,如图 9-98～图 9-100 所示。然后单击鼠标右键,在弹出的快捷菜单中选择【冻结当前选择】命令冻结角色模型。

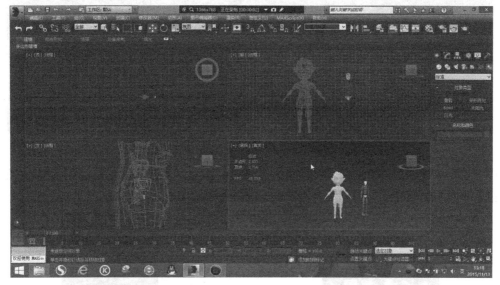

图 9-98　调整角色骨骼

图 9-99　取消勾选【以灰色显示冻结对象】复选框　　图 9-100　冻结角色模型

（2）单击前视图，在【系统】工具中创建一个"Biped"，选择骨骼中心（位于骨骼小腹中心的棱形物体），然后利用移动工具将轴心移动到角色模型的重心位置，如图 9-101 和图 9-102 所示。

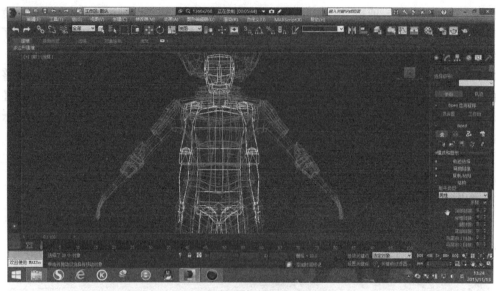

图 9-101　创建一个"Biped"

（3）切换左视图，再次选择骨骼轴心，调整到角色重心位置，进入【运动】面板，在【躯干类型】下拉列表选择【男性】选项，并单击进入体形模式，如图 9-103 所示。

图 9-102　调整到角色重心位置　　　　　　图 9-103　进入体形模式

（4）利用【缩放】与【移动】工具，将骨骼与模型匹配对齐，从而使骨骼对模型的影响更为精确，如图 9-104～图 9-112 所示，由于角色四肢是左右对称的，因此在匹配角色骨骼和模型时，只要调整骨骼一边的形态，再复制给另一边即可，如图 9-113 所示，选择已经匹配好的手臂与腿部骨骼，单击【复制/粘贴】卷展栏中的【创建集合】再单击【复制】按钮，再单击【向对面粘贴姿态】按钮，从而将所选骨骼粘贴到对称的一方。

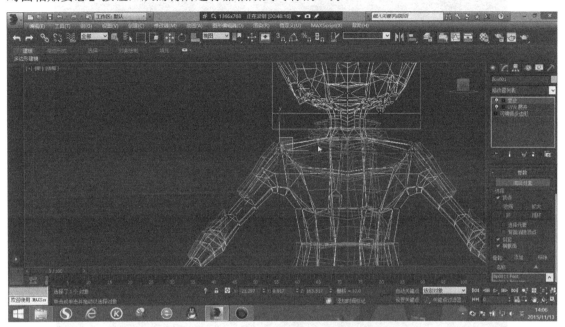

图 9-104　将骨骼与模型匹配对齐（1）

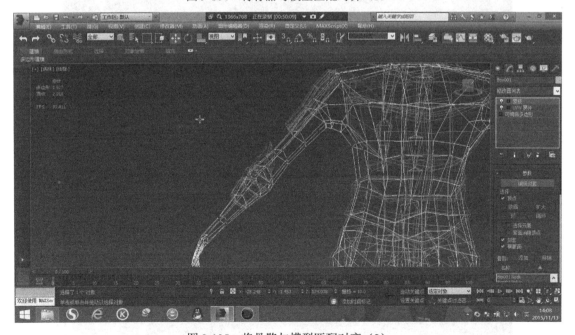

图 9-105　将骨骼与模型匹配对齐（2）

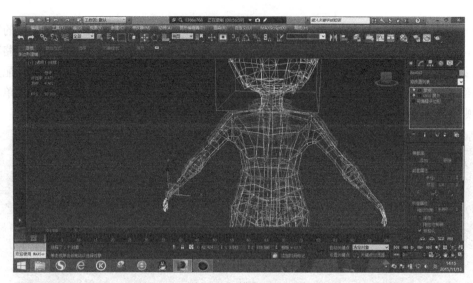

图 9-106　将骨骼与模型匹配对齐（3）

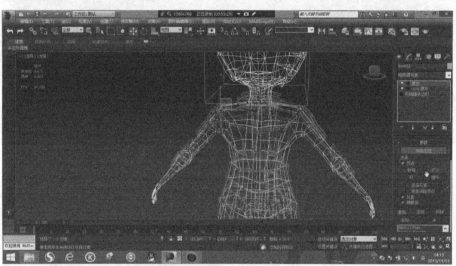

图 9-107　将骨骼与模型匹配对齐（4）

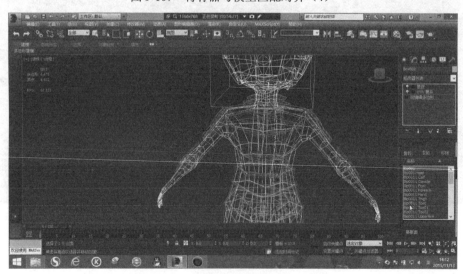

图 9-108　将骨骼与模型匹配对齐（5）

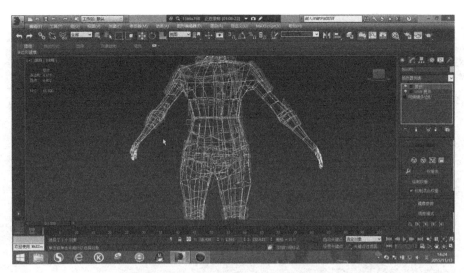

图 9-109　将骨骼与模型匹配对齐（6）

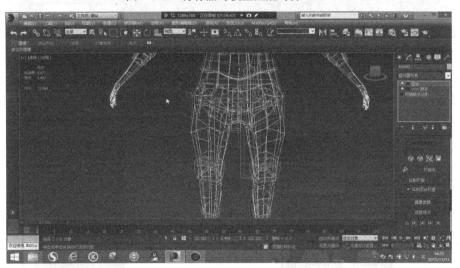

图 9-110　将骨骼与模型匹配对齐（7）

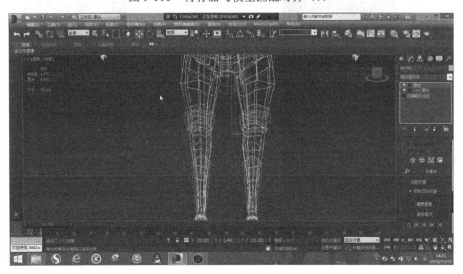

图 9-111　将骨骼与模型匹配对齐（8）

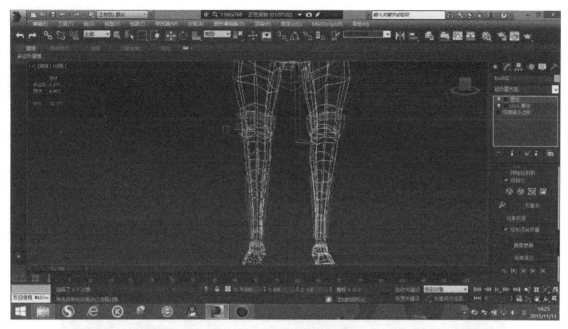

图 9-112　将骨骼与模型匹配对齐（9）

（5）将骨骼匹配好模型后，退出体形模式，解开模型冻结，选择模型，在【修改器】面板中选择【蒙皮】命令，如图 9-114 所示，在【蒙皮】面板下单击【添加】按钮，然后选择所有骨骼，如图 9-115 和图 9-116 所示。

图 9-113　将所选骨骼粘贴到对称的一方

图 9-114　选择【蒙皮】命令

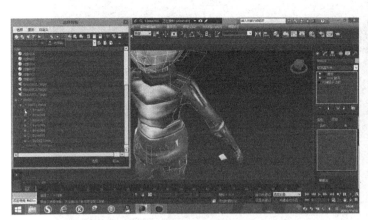
图 9-115 选择所有骨骼（1）

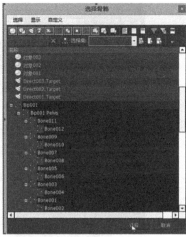
图 9-116 选择所有骨骼（2）

（6）为骨骼指定【蒙皮】修改器后，还不能调节角色的动作。因为这时骨骼对模型顶点的影响范围是不合理的，在调节动作时会使模型产生变形和拉伸。为了避免这种错误，在调节之前要先使用【编辑封套】的方式来改变骨骼对模型的影响范围，为下一步的操作做好准备。如图 9-117～图 9-127 所示，当调整好一半后，单击【复制封套】按钮，再单击【粘贴封套】按钮将调整好的封套复制到另一边，如图 9-128 所示。

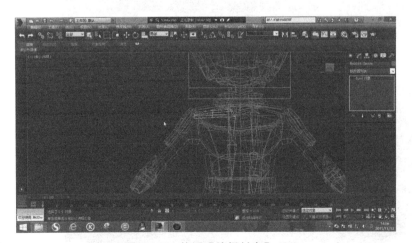
图 9-117 使用【编辑封套】（1）

图 9-118 设置【编辑封套】

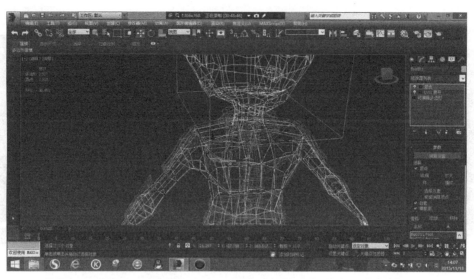

图 9-119　使用【编辑封套】(2)

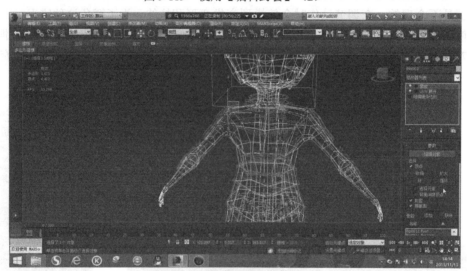

图 9-120　使用【编辑封套】(3)

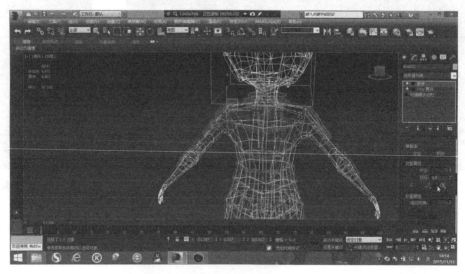

图 9-121　使用【编辑封套】(4)

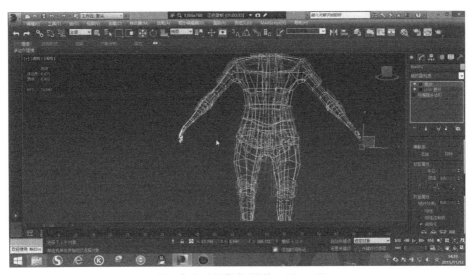

图 9-122　使用【编辑封套】（5）

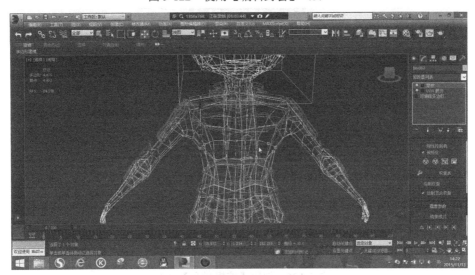

图 9-123　使用【编辑封套】（6）

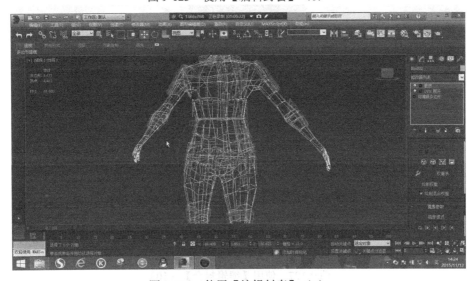

图 9-124　使用【编辑封套】（7）

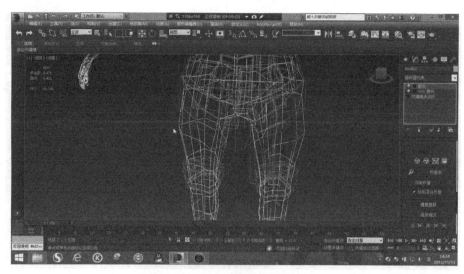

图 9-125　使用【编辑封套】（8）

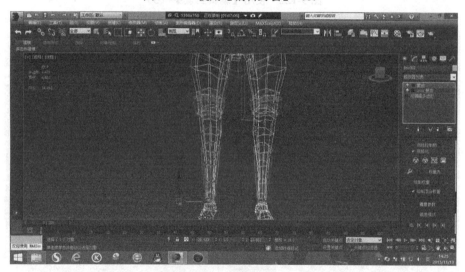

图 9-126　使用【编辑封套】（9）

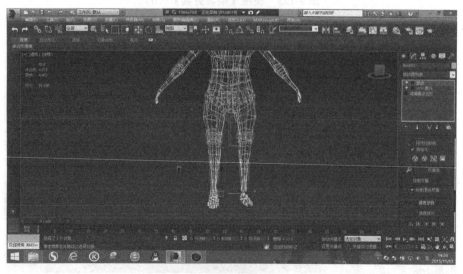

图 9-127　使用【编辑封套】（10）

图 9-128 将调整好的封套复制到另一边

（7）当发现个别封套参数不够自然时，应使用【权重工具】对封套进行编辑。0 为不控制，1 为绝对控制，0～1 间为控制度大小，如图 9-129 和图 9-130 所示。

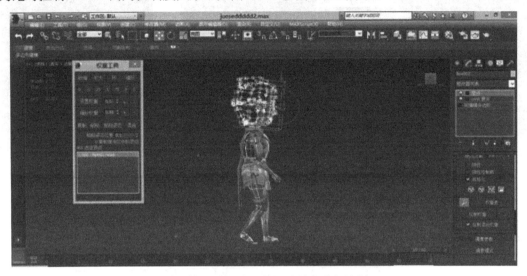

图 9-129 使用【权重工具】对封套进行编辑（1）

（8）完成封套工作后，便可以对角色进行动作动画制作了。打开动画控制区中的【自动关键点】，选择除了角色双脚外的全身的骨骼，再确定时间滑块为第 0 帧，进入【运动】面板，单击【关键点信息】卷展栏下面的【设置关键点】按钮，从而为全身都打上了关键帧。接着选择脚，单击【设置踩踏关键点】按钮，从而将脚固定在地面上。调整角色姿态，如图 9-131 所示。

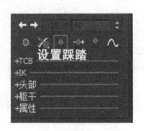

图 9-130 使用【权重工具】对封套进行编辑（2）　　图 9-131 单击【设置关键点】按钮

（9）设置时间滑块的时间，单击动画控制区中的【播放动画】按钮，从弹出的【时间配置】对话框中设置【结束时间】与【时间轴】时长参数，如图9-132和图9-133所示。

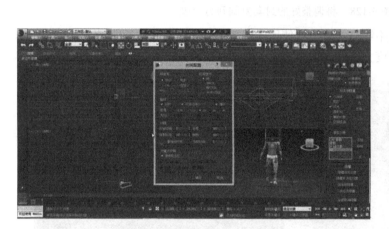

图9-132 【时间配置】对话框　　　　　　图9-133 设置【时间配置】

（10）根据角色行走分解图，如图9-134所示，制作行走动画第0、4、8、12、16、20、24和28帧参数分别如图9-135～图9-142所示。因为行走动作是一个循环动作，所以第0帧和第32帧关键帧是一样的。

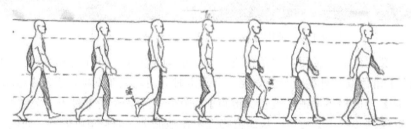

图9-134 行动分解图

图9-135 制作行走动画（1）

图 9-136　制作行走动画（2）

图 9-137　制作行走动画（3）

图 9-138　制作行走动画（4）

图 9-139　制作行走动画（5）

图 9-140　制作行走动画（6）

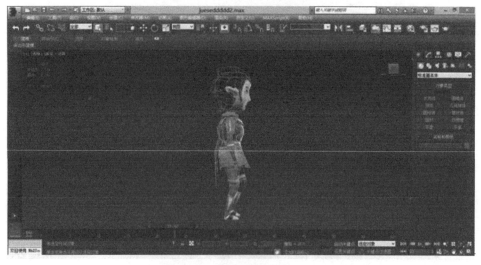

图 9-141　制作行走动画（7）

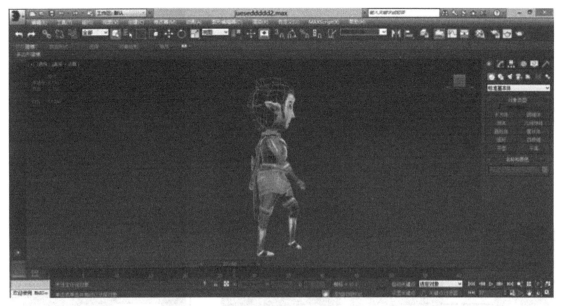

图 9-142 制作行走动画（8）

（11）最后，渲染动画，在【渲染设置】对话框中选择【活动时间段】复选框，如图 9-143 所示，设置文件输出为 avi，如图 9-144 和图 9-145 所示。

图 9-143 设置【渲染设置】

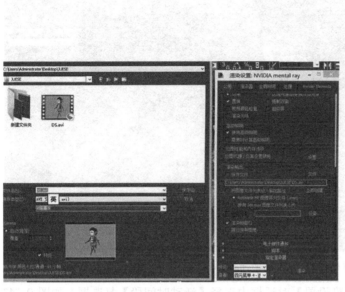

图 9-144　输出文件为 avi（1）　　　　　　图 9-145　输出文件为 avi（2）

本章小结

本章主要对三维游戏角色动画的制作流程和 3ds Max 2016 软件的全面使用技巧进行了讲解，通过本章的学习，让读者了解 3ds Max 2016 软件制作三维游戏角色动画的方法，在以后的学习和工作中还应该加强游戏角色绘制能力、人物的造型能力及动画表演能力。

拓展任务

制作如图 9-146 所示效果，完成游戏角色建模、材质贴图绘制及角色绑定蒙皮效果，并完成人物基础动画效果。

图 9-146　卡通角色建模动画　　　　　　图 9-146 彩图

参 考 文 献

[1] https://www.autodesk.com.cn/products/3ds-max.

[2] https://wenku.baidu.com/.

[3] 王琦，火星时代. AUTODESK 官方指定教材：Autodesk 3ds Max 2015 标准教材 1. 北京：人民邮电出版社，2014.11

[4] 田蕴琦，张会旺. 3ds Max 2016 完全自学教程. 北京：中国铁道出版社，2016.2

[5] 任肖甜. 3ds Max 动画制作实例教程. 北京：中国铁道出版社，2016.8

[6] 新视角文化行. 3ds Max 2014 从入门到精通. 北京：人民邮电出版社，2017.2

[7] 时代印象. 3ds Max 2014 完全自学教程（中文版）. 北京：人民邮电出版社，2013.10

参考文献

[1] Autodesk. www.autodesk.com/cn/products/3ds-max/.
[2] baige17works.baidu.com/.
[3] 来阳. 大国时代. AUTODESK 官方标准教材：Autodesk 3ds Max 2015 标准培训教材 I. 北京：人民邮电出版社, 2014.11.
[4] 时代印象. 中文版 3ds Max 2016 完全自学教程. 北京：中国青年出版社, 2016.2.
[5] 程雪翩. 3ds Max 3 动画制作案例教程. 北京：中国铁道出版社, 2016.2.
[6] 来阳编著. 3ds Max 2014从入门到精通. 北京：人民邮电出版社, 2012.2.
[7] 张凡等. 3ds Max 2014 完全自学手册（中文版）. 北京：人民邮电出版社, 2013.10.